二色胡枝子

多变小冠花

截叶胡枝子

1

塔落岩黄芪

百脉根

柠 条

小叶锦鸡儿

红 三 叶

白 三 叶

绛 三 叶

3

草莓三叶草

圭亚那柱花草

大翼豆

银合欢

老芒麦

长穗冰草

无芒雀麦

5

苇状羊茅

䅟草

野大麦

6

星星草

鸭 茅

多年生黑麦草

苏 丹 草

7

狗牙根

杂交狼尾草

糖蜜草

俯仰臂形草

8

优良牧草及栽培技术

苏加楷 张文淑 李 敏 编著

本书为"十五"国家重点图书

金盾出版社

内 容 提 要

本书是在《牧草高产栽培》的基础上,由原作者、中国农业科学院畜牧研究所研究员苏加楷等补充修订而成的。根据书稿的内容和特点,更名为《优良牧草及栽培利用》。书中简要介绍了牧草的重要作用,我国各地区宜栽牧草种和品种的选择,以及整地、施肥、种子处理、播种、田间管理、刈割利用等知识和做法。具体介绍了紫花苜蓿等47种豆科牧草、扁穗冰草等54种禾本科牧草、驼绒藜等5种藜科菊科和蓼科牧草的分布、适应性、形态特征、栽培品种、栽培技术、营养成分、饲用价值及在水土保持中的先锋作用。对草原改良、畜禽鱼养殖、退耕还草、防沙固沙均有一定的指导作用。

图书在版编目(CIP)数据

优良牧草及栽培技术/苏加楷等编著 . —北京:金盾出版社,2001.6

ISBN 978-7-5082-1536-5

Ⅰ. 优… Ⅱ. 苏… Ⅲ. 牧草-栽培 Ⅳ. S54

中国版本图书馆 CIP 数据核字(2001)第 07297 号

金盾出版社出版、总发行

北京太平路 5 号(地铁万寿路站往南)

邮政编码:100036 电话:68214039 83219215

传真:68276683 网址:www.jdcbs.cn

彩色印刷:北京天宇星印刷厂

黑白印刷:北京金盾印刷厂

装订:永胜装订厂

各地新华书店经销

开本:787×1092 1/32 印张:6.75 彩页:8 字数:146 千字

2009 年 6 月第 1 版第 5 次印刷

印数:32001—40000 册 定价:11.00 元

(凡购买金盾出版社的图书,如有缺页、倒页、脱页者,本社发行部负责调换)

目　　录

一、概　述

（一）牧草的重要作用

牧草是可供家畜家禽采食的草类，以草本植物为主，也包括藤本植物、半灌木和灌木。栽培的牧草主要是豆科、禾本科牧草。牧草在农业中的重要作用是多方面的，主要有以下几点。

1. 牧草是家畜家禽最主要、最优良、最经济的饲料

家畜家禽饲料种类很多，但从整个畜牧业来看，牧草占最大比例。在以畜牧业为主的草原区，牧草几乎是家畜惟一的饲料；在农区或城郊区，虽然可用秸秆及工副产品作饲料，但栽培或野生的牧草仍是十分重要的饲料。在世界草地畜牧业发达的国家中，澳大利亚和新西兰有 90%以上的畜牧业产值是由牧草转化而来的。美国的精料用量较高，但其畜牧业产值中由牧草转化而来的仍占 73%。法国和德国草原面积较小，畜牧业产值中由牧草转化而来的亦占 60%。牧草中各种营养成分的含量及其消化率都大大高于秸秆而接近精料，而且矿物质和维生素的含量丰富，青绿多汁，气味芬芳，适口性好，可促进家畜的生长发育。牧草生活力强，一个生长季可刈割多次，能充分利用各种有利或相对不利的光、热、水、气等条件。多年生牧草种植一次可持续利用多年，耕种管理简便，节省各种开支。牧草养分总产量不低于农作物，高产牧草则可大大高于农作物，是最廉价、最经济的饲料。

在饲料工业所生产的全价配合饲料中，优质的豆科牧草

干草粉是重要的维生素来源。在家禽的日粮中一般占 2% 左右,在猪的日粮中一般占 5% 左右,也可以占 10%～20%,能量水平虽然降低了,但可改进胴体的品质。鹅以草食为主,仔鹅和未成年鹅单纯喂给青鲜牧草也能长到成年。但适当补喂配合饲料就能长得更快和更经济。兔是草食动物,每日采食青草的数量约为体重的 10%～30%,体重 3.5～4 千克的成年兔,每日采食青草 400～450 克。一年四季只要有优质青草就可以养好兔,但补饲适量的精料,才能获得最佳的经济效益,按干物质计算,青草应占全部日粮的 40%～70% 为宜。草鱼、鳊鱼是草食性优质鱼类,经济价值很高。多叶的禾本科牧草,如多花黑麦草、苏丹草、象草、杂交狼尾草等是草食性鱼类的优质饵料,其饵料系数为 25～30,即饲喂 25～30 千克青草就可以获得 1 千克优质鱼。如以食草为主的草鱼与食浮游生物的鲢鱼、鳙鱼以适当的比例混养,则每增重 1 千克草鱼,其鱼粪肥水培养浮游生物,还可增重 0.37 千克鲢鱼、鳙鱼。

2. 牧草可以改良土壤,提高土壤肥力

牧草,特别是多年生豆科牧草及禾本科牧草,根系发达,能在土壤中积聚大量有机质,增加土壤中腐殖质的含量,使土壤形成水稳性团粒结构,提高土壤肥力,增加后茬农作物的产量。尤其是豆科牧草的根系长有根瘤,可固定空气中游离的氮素,提高土壤中的氮素营养。通常一个生长季,每 667 平方米(1 亩)可固定氮素 10～15 千克,产草量越高,固定的氮素越多,培肥土壤的作用也越大。20 世纪 70 年代中期,能源危机使化肥价格上升,同时过量施用氮肥引起环境污染的现实,促使人们对豆科牧草的固氮作用越来越重视了。

3. 牧草可以保持水土,防风固沙

牧草根系强大,枝叶繁茂,一些牧草有发达的根茎或匍匐茎,能迅速伸展,覆盖地面,可以减少雨水冲刷及地面径流。在黄土高原和长江流域中上游等水土严重流失地区,退耕还草种植牧草是保持水土的有效措施。据试验草木犀与农耕地或同等坡度的撂荒地相比,径流量减少 14.4%~80.7%,泥沙冲刷量减少 63.7%~90.7%。在 28°陡坡地上,草木犀比一般农耕地减少径流量 47%,减少泥沙冲刷量 60%。在风蚀和沙化严重地区,栽培牧草,建立人工草地,不仅可以为畜禽提供饲草,还可以防风固沙,抗御风沙侵害,起到保护农田的作用。

4. 牧草是促进农牧结合的纽带

实行粮草轮作、林草间种、果草间作,农林牧结合,有利于改变农业经济结构。在农业生产中把粮食作物—经济作物的二元结构,改变为粮食作物—经济作物—饲料作物(包括牧草)的三元结构,生产充足的牧草和饲料,不仅可以满足畜牧业发展的需要,提供丰富的畜产品,改善人民生活,而且发达的畜牧业,还可为农林业提供充足的农家肥,改良土壤,提高土壤肥力,促进农林业的发展。例如,广东省利用冬闲田种植多花黑麦草,每 667 平方米可产优质饲草 5 000 千克,利用林果用地套种柱花草,每 667 平方米可产干草 660~1 000 千克。四川省利用冬闲田种植光叶紫花苕子,每 667 平方米可产鲜草 2 500~3 500 千克。这些例子说明农田和林果用地种草潜力很大。

5. 牧草在社会主义市场经济中的作用

牧草作为一种草产品其价值体现在畜产品中,但牧草也作为一种商品直接进入市场。我国北京、天津等大城市奶牛业所需的干草,主要是购自东北的羊草干草。羊草、苜蓿干草等,也是出口日本、中东等地的外贸商品,有广阔的市场。预计牧草市场将会随着畜产品市场和饲料工业的发展而发展,作为外贸出口商品也具有很大的潜力。

(二)怎样选择适宜栽培的牧草种和品种

在一个特定地区选择适宜栽培的牧草种和品种，必须根据地区的气候、土壤条件、牧草利用方式及牧草种和品种的适应性等三个方面来决定。"中国多年生栽培草种区划"研究成果，为我们正确选择牧草种和品种提供了科学的依据。该区划把全国划分为9个栽培区和40个亚区，各地可参考这个区划选定适宜栽培的牧草种和品种。

1. 东北羊草、苜蓿、沙打旺、胡枝子栽培区

该栽培区包括内蒙古的呼盟、兴安盟和黑龙江、吉林、辽宁三省。可分为6个亚区，即大兴安岭羊草、苜蓿、沙打旺亚区，三江平原苜蓿、无芒雀麦、山野豌豆亚区，松嫩平原羊草、苜蓿、沙打旺亚区，松辽平原苜蓿、无芒雀麦亚区，东部长白山山区苜蓿、胡枝子、无芒雀麦亚区，辽西低山丘陵沙打旺、苜蓿、羊草亚区。

2. 内蒙古高原沙打旺、老芒麦、蒙古岩黄芪栽培区

该栽培区可分为7个亚区，即内蒙古中南部老芒麦、披碱草、羊草亚区，内蒙古东南部苜蓿、沙打旺、羊草亚区，河套—土默特平原苜蓿、羊草亚区，内蒙古中北部披碱草、沙打旺、柠条亚区，伊克昭盟柠条、蒙古岩黄芪、沙打旺亚区，内蒙古西部琐琐、沙拐枣亚区，宁甘河西走廊苜蓿、沙打旺、柠条、细枝岩黄芪亚区。

3. 黄淮海苜蓿、沙打旺、无芒雀麦、苇状羊茅栽培区

该栽培区可分为5个亚区，即北部西部山地苜蓿、沙打旺、葛藤、无芒雀麦亚区，华北平原苜蓿、沙打旺、无芒雀麦亚区，黄淮海苜蓿、沙打旺、苇状羊茅亚区，鲁中南山地丘陵沙打旺、苇状羊茅、小冠花亚区,胶东低山丘陵苜蓿、百脉根、黑麦草亚区。

4. 黄土高原苜蓿、沙打旺、小冠花、无芒雀麦栽培区

该栽培区可分为 4 个亚区,即晋东豫西丘陵山地苜蓿、沙打旺、小冠花、无芒雀麦、苇状羊茅亚区,汾渭河谷苜蓿、小冠花、无芒雀麦、鸭茅、苇状羊茅亚区,晋陕甘宁高原丘陵沟壑苜蓿、沙打旺、红豆草、小冠花、无芒雀麦、扁穗冰草亚区,陇中青东丘陵沟壑苜蓿、沙打旺、红豆草、扁穗冰草、无芒雀麦亚区。

5. 长江中下游白三叶、黑麦草、苇状羊茅、雀稗栽培区

该栽培区可分为 3 个亚区,即苏浙皖鄂豫平原丘陵白三叶、苇状羊茅、苜蓿亚区,湘赣丘陵山地白三叶、岸杂一号狗牙根、苇状羊茅、紫花苜蓿、雀稗亚区,浙皖丘陵山地白三叶、苇状羊茅、多年生黑麦草、鸭茅、红三叶亚区。

6. 华南宽叶雀稗、卡松古鲁狗尾草、大翼豆、银合欢栽培区

该栽培区可分为 4 个亚区,即闽粤桂南部丘陵平原大翼豆、银合欢、圭亚那柱花草、卡松古鲁狗尾草、宽叶雀稗、象草亚区,闽粤桂北部低山丘陵银合欢、银叶山蚂蟥、绿叶山蚂蟥、宽叶雀稗、小花毛花雀稗亚区,滇南低山丘陵大翼豆、圭亚那柱花草、宽叶雀稗、象草亚区,台湾山地平原银合欢、山蚂蟥、柱花草、毛花雀稗、象草亚区。

7. 西南白三叶、黑麦草、红三叶、苇状羊茅栽培区

该栽培区可分为 4 个亚区,即四川盆地丘陵平原白三叶、黑麦草、苇状羊茅、扁穗牛鞭草、聚合草亚区,川陕甘秦巴山地白三叶、红三叶、苜蓿、黑麦草、鸭茅亚区,川鄂湘黔边境山地白三叶、红三叶、黑麦草、鸭茅亚区,云贵高原白三叶、红三叶、苜蓿、黑麦草、喜湿藋草亚区。

8. 青藏高原老芒麦、垂穗披碱草、中华羊茅、苜蓿栽培区

该栽培区可分为 5 个亚区,即藏南高原河谷苜蓿、红豆草、无芒雀麦亚区,藏东川西河谷山地老芒麦、无芒雀麦、苜蓿、红豆草、白三叶亚区,藏北青南垂穗披碱草、老芒麦、中华羊茅、冷地早熟禾亚区,环湖甘南老芒麦、垂穗披碱草、中华羊茅、无芒雀麦亚区,柴达木盆地沙打旺、苜蓿亚区。

9. 新疆苜蓿、无芒雀麦、老芒麦、木地肤栽培区

该栽培区可分为 2 个亚区,即北疆苜蓿、木地肤、无芒雀麦、老芒麦亚区,南疆苜蓿、沙枣亚区。

(三)整地和施肥

1. 整　地

目的是通过耕翻、耙糖、镇压以及其他地面处理技术,为牧草的播种、生长发育,创造良好的土壤条件。牧草只有生长在松紧度和孔隙度适宜、水分和养料充足、没有杂草和病虫害、物理化学性状良好的土壤上,才能获得高额的产量。根据土壤、地形、坡度、气候、植被等条件的不同,可分别采用全垦、带垦或免耕等不同地面处理方法。

(1)全垦　平地及缓坡地可用机械或畜力进行耕翻、耙地、糖地、镇压等一系列耕作措施,改善土壤耕作层的结构,使土壤松紧度适当,透水性、通气性和容水量增加。消灭杂草和病虫害。将残茬和枯枝落叶、农家肥和化肥翻入土层,增加土壤有机质,提高土壤肥力。平整地面,蓄水保墒,以利播种出苗。这是栽培牧草成败的关键,也是牧草高产稳产和持续多年利用的基础,必须十分重视。

(2)带垦　又叫条垦。坡度大于 25°的急坡地,全垦容易引起水土流失;大面积沙化草场,风蚀严重,亦不宜全垦,可以进行带垦。带垦是在坡地上按等高线,即与坡向垂直的方向,或风沙地与主风向垂直的方向,进行带状耕翻或轻耙,每耕翻2～4米宽的地面,留下1～2米宽不耕翻,以利于水土保持或减轻风蚀。但在垦带栽培的牧草,往往不能有效地控制杂草,因为栽培牧草竞争力较弱,相邻的未垦带的天然植被极易侵入。

(3)免耕 前茬作物收获后,直接在茬地上播种牧草种子。可以撒播,也可以用配有割茬犁刀的特殊播种机具播种,并用除草剂控制杂草。免耕法可使土壤表层保留较多的残茬及枯枝落叶覆盖层,有利于水分的渗透和减轻土壤侵蚀。在干旱严重的沙化地区,原生植被覆盖度很低,不宜耕翻或轻耙,可以直接撒播或用机具条播。在南方坡度大于30°的地方,可在重牧或火烧后进行播种。原生植被为根茎性禾本科草如白茅,或恶性杂草如飞机草,可选用化学除草剂如草甘膦喷洒灭草,杂草枯死后火烧,在雨季到来之前播种,亦可成功地建植人工草地。

2. 施 肥

禾本科牧草如无芒雀麦,每生产1000千克干物质,就要从土壤中吸取19千克氮、3.3千克磷和24.3千克钾;豆科牧草如紫花苜蓿,每生产1000千克干物质,就要带走32千克氮、2.5千克磷和28.4千克钾。所需氮素有40%～63%来自共生的根瘤菌从空气中固定的氮素,其余的氮则从土壤中吸取,所需磷、钾全部来自土壤。因此,必须根据牧草生长发育的需要及土壤营养元素的含量合理施肥。

我国土壤有机质含量很低,氮素营养缺乏较甚,栽培禾本科牧草必须施用氮肥,适当配施磷肥和钾肥。豆科牧草因为有根瘤菌共生固氮,只需在苗期根瘤形成之前施少量氮肥即可,重点是施用磷肥,适当配合施用钾肥。我国土壤普遍缺磷,尤其是南方酸性红壤和北方沙地或瘠薄荒地,速效磷极少,大多低于 10 ppm(ppm 为百万分率,10 ppm 即百万分之十),必须施用磷肥,才能满足牧草的需要,尤其是豆科牧草,施磷可促进固氮,从而提高土壤肥力。一般土壤不太缺钾,但要根据土壤分析结果才能决定是否需要施用。施肥的方法有基肥、种肥和追肥等。

(1)基肥　基肥也叫底肥。在耕翻整地时结合施用厩肥、堆肥等农家肥或迟效化肥如钙镁磷肥、磷矿粉、过磷酸钙等,以满足牧草整个生长期的需要。基肥可撒施地表,然后翻入耕作层。质量较好的农家肥,一般每 667 平方米施用 1 000～2 500 千克,钙镁磷肥每 667 平方米施用 20～25 千克、过磷酸钙 10～20 千克。

(2)种肥　播种时与种子同时施用农家肥、化肥或细菌肥料,以供幼苗生长的需要。种肥可施在播种沟内或穴内,盖在种子上或用以浸种、拌种。所用农家肥应充分腐熟,所用化肥则应选用对种子无毒害作用的。作为种肥施用的氮肥,可用硫酸铵,每 667 平方米用量 2.5～5 千克。磷肥可用过磷酸钙,每 667 平方米用量 2.5～4 千克。草木灰亦可作种肥,在酸性土壤上每 667 平方米用量 150～200 千克。

(3)追肥　在牧草生长发育期内,根据牧草的需要追施的肥料就叫追肥。追肥主要用速效化肥,可以撒施、条施、穴施,结合灌溉灌施及叶面喷施等。禾本科牧草每次刈割后,如能及时追施氮肥,可以提高产量及质量,每 667 平方米用量,硫酸铵 10～20 千克、尿素 5～10 千克。多年生豆科牧草,每年要追施磷肥,在春季一次施用或分两次施入,每 667 平方米用过磷酸钙 10～20 千克。叶面喷施又叫根外追肥。过磷酸钙、尿素、微量元素如镁、铁、硼、锰、铜、锌、钼等都可用于叶面喷施。喷施溶液的浓度:尿素为 1.2%～2%;过磷酸钙为 0.5%～2%。微量元素用量很低,每 667 平方米只需 100～300 克,但只有在对土壤和牧草正确分析,判明是否缺乏某种微量元素后才可施用,其用量亦须根据有关微量元素施用量严格掌握,以免过量中毒。

(四)种子处理和播种

1. 种子处理

为了保证播种质量,播前应根据种子的不同情况,采用去杂、精选、浸种、消毒、摩擦、接种根瘤菌等技术进行种子处理。

(1)选种 目的是清除杂质、不饱满的种子及杂草种子,以获得籽粒饱满、纯净度高的种子。可用清选机械清选或人工筛选扬净,必要时也可用水选或盐水选种。

(2)晒种 将种子摊开放在阳光下曝晒 3～4 天,每日翻动 3～4 次,可以促进种子的后熟,打破禾本科牧草种子的休眠,提高发芽率。

(3)浸种 用温水浸种,使种子充分吸收水分,可加快种子萌发。豆科牧草种子浸种 12～16 小时,其间换水 1～2 次;禾本科牧草种子浸种 1～2 天,其间换水 1～2 次或 3～4 次。浸种后放在阴凉处晾种,待表皮风干即可播种。如土壤干旱,则不宜浸种。

(4)去壳去芒 带有荚壳的草木犀种子发芽率低,可用石碾碾压或用碾米机去壳。老芒麦、披碱草等有芒的禾本科牧草种子,容易堵塞播种机的排种管,可用去芒机或镇压器碾轧去芒。

(5)种子消毒 用农药拌种,预防通过种子传播的病虫害。如为了防治禾本科牧草的黑粉病、坚黑穗病,可用 35%菲醌粉剂或 50％福美双粉剂,按种子重量的 0.3％拌种;为了防治苜蓿轮纹病,可用种子重量 0.2％～0.3％的菲醌或 0.2％～0.5％的福美双拌种。

(6)豆科牧草硬实种子的处理:豆科牧草种子中的硬实种子,种皮有角质层,水分不易渗入,种子不能发芽,必须打破硬实,才能发芽。可用石碾碾压,用碾米机、脱粒机、专用硬实擦伤机等擦伤种皮,也可用浓度 95％以上的浓硫酸湿润种皮 20～30 分钟,然后冲洗干净并晾干,或用始温 80℃的温水浸种 2～3 分钟,都可打破硬实。在大面积播种时,可取出播种量的 2/3 进行处理,留出 1/3 不处理,然后将两者混合播种,以增强对不良环境的应变能力。

(7)接种根瘤菌 在从未种植过同类豆科牧草或相隔4～5 年后又重新种植的地块上播种豆科牧草,都应接种根瘤菌,以促进幼苗早期形成根瘤及早形成固氮能力。接种的方法,可用工厂生产的专用根瘤菌剂拌种,也可以采集同类豆科牧草的根瘤,风干后压碎拌种,每 667 平方米用干根瘤 10 克,已接种的种子应尽量在当天播完,避免日晒。最好是将种子丸衣化,即用通过 100～300 目的钙镁磷肥或碳酸钙等作为丸衣材料,也可同时加入硼、钼、锌等微量元素,将拌入根瘤菌剂的 4％羟甲基纤维素溶液粘着剂与牧草种子混合,倒入搅拌机拌匀,再将丸衣材料倒入,搅拌 1～2 分钟,至种子完全丸衣化,即可晾干备用。

接种根瘤菌,要正确选择根瘤菌的种类和类型,豆科牧草根瘤菌可分为 8 个种族,族内豆科牧草根瘤菌可相互接种,而不同族间接种无效。

①苜蓿族:可接种苜蓿、金花菜、草木犀、胡芦巴等。

②三叶草族:可接种红三叶、白三叶、杂三叶等。

③豌豆族：可接种豌豆、野豌豆、山黧豆、蚕豆、扁豆等。

④菜豆族：可接种菜豆、红花菜豆等。

⑤羽扇豆族：可接种羽扇豆、鸟足豆等。

⑥大豆族：可接种大豆、野大豆等。

⑦豇豆族：可接种豇豆、胡枝子、绿豆、木豆、山蚂蟥、葛藤、链荚豆、木蓝等。

⑧紫云英族：可接种紫云英等。

其他尚有一些菌株专性的小族，只能接种单一的属，如百脉根属、田菁属、锦鸡儿属、红豆草属、黄芪属和小冠花属等。

2. 播 种

(1)播种期 根据当地气候条件、土壤水分状况和牧草的特性决定。冬性或冷季型多年生或越年生牧草如冰草、无芒雀麦、多年生黑麦草、苜蓿、白三叶、红三叶、毛野豌豆、多花黑麦草、绛三叶等，适宜秋播。秋季土壤水分充足，气温逐渐下降，有利于牧草的生长发育，而不利于一年生杂草生长，亦不利于病虫害的蔓延。春性或暖季型多年生或一年生牧草如非洲狗尾草、狗牙根、大翼豆、圭亚那柱花草、苏丹草、春箭筈豌豆等，适宜春播。春季气温上升，有利于喜温牧草的生长，但一年生杂草也同时迅速生长，苗期要特别注意防除杂草。北方春季干旱对种子萌发出苗不利，也可在夏季雨季播种。冬前播种，寄籽越冬，利用早春化冻水萌发，也是克服春季干旱的一个办法。

(2)播种方式 有条播、点播和撒播。条播，可用机械或畜力播种机具播种或用人工开沟条播。行距15～30厘米，或45～60厘米，干旱地区可宽至1米。条播深度要均匀，以利出苗整齐，又便于中耕除草，有利于牧草生长和田间管理。点播适宜在较陡的山坡荒地播种。撒播是用人工或撒播机具将种子撒播地表,播后耙糖覆土,雨季亦可不覆土。飞机播种是大面积的撒播,适宜在地形起伏不宜机械耕作或较偏远的地区采用。

(3)播种深度　牧草种子细小,顶土力弱,播种宜浅不宜深,一般为1~2厘米,大粒种子可深至3~4厘米。沙性土宜深,粘性土宜浅;土壤干燥宜深,潮湿宜浅;春季干旱宜深,夏秋季水分充足宜浅。在条件适宜时浅播有利于出苗。

(4)播种量　播种量要根据牧草种类、种植目的、利用方式、种子大小和发芽率、整地质量、土壤肥力高低、播种时期和播种方式等多方面因素决定。分蘖力弱,整地质量差,土壤水分不足,春季干旱,种子粒大,用作饲草而非采种田,种子净度差,发芽率低,种子用价低等,播种量要加大,反之播种量可以减少。

牧草的种子用价,是由种子净度和发芽率所决定的,即种子用价(%)=净度(%)×发芽率(%)。实际播种量应根据种子用价进行相应的调整,可按下式计算。

$$实际播种量(千克/公顷)=\frac{每公顷播种量(千克/公顷)}{种子用价(\%)}$$

例如,紫花苜蓿种子的净度为90%,发芽率为80%,种子用价即为72%,如果种子用价为100%时每公顷播种量为0.75千克,按上述公式计算则实际播种量应调整为10.42千克。

(五)田间管理和刈割利用

1. 田间管理

牧草播种以后,必须根据牧草出苗生长及环境条件的变化,采取一系列田间管理农业技术措施,包括破除表土板结、查苗补种、中耕松土、消灭杂草、施肥灌溉、防治病虫害等项内容。适时的田间管理,协调牧草生长与环境的关系,是获得高产优质牧草的重要措施。

（1）破除土壤板结　播种之后到出苗之前遇到下雨,特别是大雨之后,土壤表面容易形成板结层,已萌发的种子无力顶开板结的土层,幼苗即在土中死亡。可用短齿耙或具有短齿的圆形镇压器滚压,即可破除板结层。有灌溉条件的可以小水轻灌,亦能帮助幼苗出土。

（2）查苗补种　由于整地或播种不良以及风、旱、雨、涝、冻、虫害等不利因素的影响,造成严重缺苗断垄,当缺苗率达10%以上时应及时补种。

（3）中耕除草　这是田间管理的基本作业,用拖拉机带短齿耙或中耕机以及人工用锄中耕,可以疏松土壤,抗旱保墒,消灭杂草,减少病虫害,促进幼苗生长。中耕除草多在出苗至封垄期间,返青前后和刈割之后进行。消灭杂草,除了使用中耕机具外,还可以用除草剂。例如,消灭禾本科草地上的双子叶杂草,可用 2,4-D,2,4-D-丁酯,每 667 平方米用药 75～100克,加水 50～60 升,喷在叶面上;消灭豆科牧草中的禾本科杂草,可用茅草枯,每 667 平方米用药 75～150 克,加水 50 升喷施。

（4）灌溉与排水　当土壤含水量为田间最大持水量的50%～80%时,牧草生长最为适宜。水分过多,须及时开沟排水,以免通气不良,烂根死苗。水分不足,气候干旱,要及时灌溉。冬前灌溉有利于越冬及返青。春季返青前后灌溉,对返青生长及增加第一茬产草量有显著作用。刈割后灌溉可促进再生。灌溉与追肥结合的增产效果最大,也是牧草丰产栽培的关键技术措施。

（5）**病虫害防治**　应本着"预防为主,综合防治"的原则,通过植物检疫,合理轮作,选用抗病虫品种,种子消毒,土壤耕作,田间管理,适时刈割或放牧利用等农业技术措施预防或消灭病虫害。在突然大规模暴发草地蝗虫、粘虫、蝗虫等毁灭性害虫时,则要迅速采用化学药剂防治。但一定要采用高效低毒农药,注意人畜安全,在残效期过后才能刈割或放牧利用。

（6）**切耙复壮**　根茎型多年生禾本科牧草,如无芒雀麦、羊草等,生长 3～4 年后根茎蔓延,草皮絮结,地表坚实,通透性差,营养不良,产草量下降。可在返青或刈割第一茬草后,用圆盘耙切割草皮,疏松土壤,使草地复壮,提高产草量。结合松土施肥,则效果更佳。

2. 刈割利用

栽培牧草,建植人工草地是为了最大限度地获得高产优质的饲草,满足畜牧业生产的需要。根据不同牧草种和品种的特性,不同的利用方式及不同家畜的要求,掌握刈割和利用的适当时期与方法,就能在单位土地面积上获得最高的营养物质产量,从而得到最佳的经济效益。

不同生育时期的牧草质量不同,干物质产量也有很大差别。越是幼嫩的牧草营养价值越高,但干物质产量则越低;越是接近成熟阶段,营养价值越低,而干物质产量则越高。必须在牧草营养成分含量和干物质产量之间找到一个平衡点,此时牧草的营养物质总产量最高,可作为刈割适期。禾本科牧草刈割适期,应是抽穗期至开花期,而豆科牧草则是现蕾期到盛花期。

利用的目的不同刈割时期也有差异,如用作青饲,对猪、禽适宜的刈割期是营养生长期,不晚于禾本科牧草抽穗前或豆科牧草现蕾前。而对牛、羊等草食家畜可在抽穗(现蕾)期至开花期。用作青贮或调制干草,应在干物质含量较高的盛花期刈割,此时粗蛋白质含量较低,碳水化合物含量较高,水分含量降低到 70%~75%,有利于调制干草或制作青贮。作为放牧利用,多在营养生长期,此时适口性好,放牧后再生性强,但要控制载畜量,不要过牧,以免草丛衰败,草地退化。应划区轮牧,有一定的休牧期,使牧草有恢复生长的适当时间,才能保持草地持续利用。

对于多年生牧草,刈割不仅是牧草的收获利用,也是一项田间管理技术措施。刈割时间是否恰当,留茬高度是否合适,对牧草生长发育有很大影响。延迟刈割,不仅饲草质量降低,也影响再生草的生长和下一次刈割的产量,并减少刈割次数。而提早刈割,增加刈割次数,虽然饲料质量较高,但总干物质产量低。而且根茬积累的营养物质较少,影响其再生能力,甚至会使株丛死亡。所以刈割次数不宜过少,也不宜过多。在北京地区紫花苜蓿每年可刈割 4~5 次,而在东北、内蒙古,则只能刈割 2~3 次。最后一次刈割,宜在越冬前 3~4 周,使再生植株能积累充足的养分,安全越冬。

不同种类牧草要求留茬高度不同。豆科牧草中从根颈萌发新枝的苜蓿,留茬 4~5 厘米,而从茎枝腋芽上萌发新枝的百脉根、柱花草、大翼豆等,留茬高至 20~30 厘米,以利再生。禾本科牧草中的上繁草如猫尾草、非洲狗尾草等,留茬 6~10 厘米;象草、杂交狼尾草等高秆禾本科牧草可高至 20~30 厘米;而下繁草如草地早熟禾留茬可低到 4~5 厘米。

二、豆科牧草

全世界豆科植物有 600 个属,12000 个种。我国约有 130

个属,1130个种。本书介绍的豆科牧草有20属47个种。豆科牧草多数为草本,少数为灌木或乔木,属双子叶植物。根为直根系,呈圆锥形。茎直立、匍匐或蔓生。叶多数互生,羽状复叶或三出复叶,稀为单叶,网状叶脉。总状花序或圆锥花序,有的形成头状花序,花两性,多为蝶形花冠,虫媒花。果实为荚果。豆科牧草的根系长有根瘤,与之共生的根瘤菌利用豆科牧草提供的糖类作为能量,使土壤及大气中的氮还原为有营养价值的氮离子。豆科牧草又可利用这些氮转化为氨基酸,合成蛋白质。根瘤菌可提供共生的豆科牧草所需总氮量的100%。在不施任何氮肥的情况下,具有根瘤的豆科牧草仍可正常生长。还可以增加土壤中的氮素,提高土壤肥力。豆科牧草茎叶含有丰富的蛋白质、钙和胡萝卜素,营养价值很高,最适宜与禾本科牧草配合饲喂,或与禾本科牧草混播,建立优质的人工放牧草地。

(一)紫花苜蓿

1. 分布和适应性

紫花苜蓿又称紫苜蓿、苜蓿。原产小亚细亚、伊朗、外高加索和土库曼高地。我国栽培已有2000多年历史,广泛分布于西北、华北、东北地区,江淮流域也有种植。喜温暖半干旱气候,日均温15℃~20℃最适生长,高温高湿对苜蓿生长不利。苜蓿抗寒性强,其耐寒品种可耐-20℃~-30℃低温,有雪覆盖时可耐-40℃。由于根系入土深,能充分吸收土壤深层的水分,故抗旱能力很强。对土壤要求不严格,沙土、粘土均可生长,但以深厚疏松,富含钙质的土壤最为适宜。苜蓿生长最忌积水,连续水淹1~2天即大量死亡,因而要求排水良好,地下水位低于1米以下。喜中性或微碱性土壤,适宜的土壤pH值

7～8。

苜蓿为异花授粉植物,开花最适温度为 22℃～27℃,适宜的相对湿度为 53%～57%,上午 9～12 时开花最盛,因此开花期高温多雨会影响传粉受精,降低结实率。

2. 形态特征

紫花苜蓿为豆科苜蓿属多年生草本植物。根为直根系,圆锥形,主根入土深 3～6 米,深者可达 10 米,根系发达,侧根大多分布在 30 厘米以内土层中。根上端与茎相接处为根颈,茎枝自根颈生出,一般可生 10～25 条,茎斜生或直立,茎粗 0.2～0.5 厘米,高 100～150 厘米,茎上多分枝,分枝自叶腋生出。叶为三出复叶,小叶卵圆形或椭圆形,基部较狭,先端带锯齿,叶面绿色,背面呈淡绿色,中脉突出。托叶大,二片,先端尖锐,不易脱落。花为总状花序,腋生,花梗长 4～5 厘米,有小花 20～30 朵,花冠紫色,有深紫、中紫、浅紫之分,花期可持续一个月。荚果螺旋形,2～4 个旋,成熟时黑褐色,每荚有种子 2～9 粒,种子肾形,黄褐色,有光泽,千粒重 2.3 克。见图 1。

3. 栽培技术

播前要求精细整地,并保持土壤墒情。在贫瘠土壤上需施入适量厩肥和磷肥作底肥。酸性土壤当 pH 值 5～6 时,每 667 平方米应施入 20～40 千克石灰。在未种过苜蓿的土壤上种植,播前接种苜蓿根瘤菌,有良好的增产效果。

一年四季均可播种,在春季墒情好、风沙危害少的地区可春播。春季干旱,晚霜较迟,风沙多的地区可在雨季夏播。冬季不太寒冷,越冬前株高可达 10～15 厘米的地区可秋播,秋播墒情好,杂草为害较轻。也可在初冬土壤封冻前播种,寄籽越冬,利用早春土壤化冻时的水分出苗。北京地区适宜在 8 月下旬到 9 月上旬秋播。播种方式有条播或撒播。条播,行距

图 1 紫花苜蓿

1. 生长第二年的植株 2,3,4. 花及其各部分
5. 荚果和种子 6. 根和基部分枝情况

30～40厘米,播深2～3厘米,每667平方米播种量为0.8～
1.5千克。收种田多采用条播,行距50厘米,每667平方米播
种量0.5千克。除单播外,还可与无芒雀麦、苇状羊茅、披碱草
等混播,苜蓿每667平方米播种量0.5千克,禾本科草每667
平方米播种量为0.8～1.5千克。

苗期生长缓慢,易受杂草侵害,应及时除草。在早春返青
前或刈割后进行中耕松土,有利于保墒和改善土壤通气性,促

进苜蓿生长。苜蓿耗水量大,每生产 1 千克干物质需水 800 升,因此,在干旱季节、早春和每次刈割后浇水,对提高苜蓿产草量的效果非常显著。

在北京地区每年可刈割 4 次,一般每 667 平方米产干草 600～800 千克,高者可达 1000 千克以上。通常每 4～5 千克青草晒制 1 千克干草。晒制干草应在 10% 植株开花时刈割,过早影响产量,过迟降低饲用价值。刈割高度以 5 厘米为宜。最后一次刈割不要太迟,否则影响养分积累,不利安全越冬。北京地区在 9 月 25 日以前进行。

苜蓿为虫媒异花授粉植物,在种植苜蓿的地区养蜂,有利于授粉,提高种子产量。

为害苜蓿的主要虫害有蚜虫、蓟马、叶跳蝉、盲椿象等。可用杀螟松、乐果、氰戊菊酯等喷雾防治。生长期间有时也发生锈病、褐斑病、霜霉病等,可用多菌灵、托布津等药剂防治。

4. 品 种

苜蓿在我国不仅栽培历史悠久,而且品种繁多,特别是随着苜蓿产业化的不断发展,生产对优良品种的需求越来越迫切。近年来,我国各地已从地方品种和国外引进品种中筛选出适于本地区的优良品种,并不断培育出新的品种。至 1999 年底,已有 36 个品种由全国牧草品种审定委员会审定登记。如新疆大叶苜蓿,叶量大,产量高,再生快,适应性好。陕西关中苜蓿、晋南苜蓿、河北沧州苜蓿,早熟高产,分枝多,适宜在北方水热条件较好的地区种植。公农 1 号苜蓿、黑龙江肇东苜蓿、内蒙古准噶尔苜蓿、新牧 3 号苜蓿、河北蔚县苜蓿等,抗寒性好,适宜在我国寒冷地区种植。中苜 1 号苜蓿耐盐性好,适宜在黄淮海平原及渤海湾一带的盐碱地种植,也可在其他类似的内陆盐碱地种植。中兰 1 号苜蓿是一个高抗霜霉病、中抗褐斑病和锈病的抗病新品种,适宜在年降水量 400 毫米、年均温 6℃～7℃,海拔 990～2 300 米的黄土高原半干旱地区种植。江苏的淮阴苜蓿、中山 1 号苜蓿以及引进品种猎人河苜蓿,再生迅速,长势好,产量高,耐热性较好,适于江淮地区种植。

5. 营养价值和利用

苜蓿以"牧草之王"著称,不仅产草量高,而且草质优良,具有很高的营养价值,粗蛋白质、维生素和矿物质含量丰富。蛋白质中氨基酸比较齐全,动物必需的氨基酸含量高。干物质中粗蛋白质含量为 15%～25%,相当于豆饼的 1/2,比玉米高 1～1.5 倍。赖氨酸含量为 1.06%～1.38%,比玉米高 4～5 倍。中国农业科学院畜牧研究所 1979 年采样分析,开花期鲜草干物质中含粗蛋白质 18.6%,粗脂肪 2.4%,粗纤维 35.7%,无氮浸出物 34.4%,粗灰分 8.9%,其中钙 1.09%,磷 0.37%。苜蓿适口性好,各种畜禽均喜采食。幼嫩的苜蓿饲喂猪、禽、兔和草食性鱼类是良好的蛋白质和维生素补充饲料,鲜草或青贮饲喂奶牛,可增加产奶量。无论是青饲、青贮或晒制干草,都是优质饲草。利用苜蓿调制干草粉,制成颗粒饲料或配制畜、禽、兔、鱼的全价配合饲料,均有很高的利用价值。若直接用于放牧,反刍家畜会因食用过多而发生臌胀病,因此,在放牧草地上提倡用无芒雀麦、苇状羊茅等与苜蓿混播,这样既可防止臌胀病,又可提高草地产草的饲用价值。苜蓿与苏丹草、青刈玉米等混合青贮,其饲用效果也很好。

（二）杂花苜蓿

1. 分布和适应性

杂花苜蓿是由紫花苜蓿与黄花苜蓿杂交培育而成。它既具有紫花苜蓿的产量高、草质优、再生快、长势好的优点，又具有黄花苜蓿抗寒、抗旱、抗逆性强的特点。由于杂花苜蓿的育成和推广应用，使得世界范围内苜蓿的种植面积进一步扩大，并向高纬度、干旱、寒冷地区发展。近年来，我国先后从国外引进杂花苜蓿几十个品种进行试种，其中有不少表现较好的品种，如：格林苜蓿、润布勒苜蓿、博维苜蓿等抗寒、抗旱性强，适于北方寒冷地区种植。萨兰斯苜蓿、费纳尔苜蓿等，长势好，产量高，适于北方冬季较温暖的地区种植。堪利甫苜蓿、AS13R苜蓿等，耐热性好，可在江淮流域种植。

我国的科研、教学以及生产单位也已培育出一批优良杂花苜蓿品种，如内蒙古农牧学院的草原1号、草原2号苜蓿，新疆八一农学院的新牧1号杂花苜蓿，甘肃农业大学的甘农1号杂花苜蓿，内蒙古图牧吉草地研究所的图牧2号杂花苜蓿等。公农3号和甘农2号杂花苜蓿是具根蘖性状的放牧型苜蓿新品种，适宜在东北、华北、西北北纬46°以南的半干旱地区种植，建立混播人工草地放牧利用。

2. 形态特征

杂花苜蓿其形态特征与紫花苜蓿相似，所不同的是花的颜色为杂色，有紫、蓝紫、浅紫、黄、黄绿、白等色。

3. 栽培技术、营养价值和利用

杂花苜蓿的栽培技术、营养价值以及利用方式等与紫花苜蓿相同。

（三）黄花苜蓿

1. 分布和适应性

黄花苜蓿又称野苜蓿、镰荚苜蓿。为多年生草本植物。原产欧、亚两洲，尤以西伯利亚和中亚细亚为多。我国新疆、内蒙古、东北等地都有野生分布。黄花苜蓿比紫花苜蓿更抗寒、抗旱，在黑钙土、栗钙土和盐碱土上均能良好生长。黄花苜蓿比紫花苜蓿生长慢，再生性差，但抗逆性强，因此，是苜蓿育种工作中抗逆性种质的重要来源。如：加拿大的润布勒苜蓿、凯恩苜蓿、罗佐玛苜蓿、罗默苜蓿以及国内育成品种草原1号苜蓿、草原2号苜蓿、新牧1号杂花苜蓿、甘农1号杂花苜蓿，都是以黄花苜蓿为杂交亲本之一培育而成的，这些苜蓿都具有抗寒、抗旱、耐牧的特点。

图 2　黄花苜蓿

1. 植株　2. 花序　3. 荚果

2. 形态特征

黄花苜蓿与紫花苜蓿相似，不同之处是花冠黄色，荚果镰形，扁平。根系发达，主根深入土中，侧根沿水平方向扩展。株型因环境条件不同,有匍匐、半直立和直立之分。叶片细小、窄长,椭圆形或披针形。见图 2。

3. 栽培技术

栽培技术与紫花苜蓿相同,但因新收的种子硬实率高达70%,因此播种前要进行种子处理,以利出苗。

4. 营养价值和利用

黄花苜蓿的营养成分及利用价值与紫花苜蓿相近。

(四)金 花 菜

1. 分布和适应性

金花菜又称黄花苜蓿、南苜蓿、黄花草子。原产地中海地区和印度,在我国大体分布在北纬 28°～34°之间,而以长江下游各地最为普遍。路旁、田间、荒地都有生长。目前我国种植面积约有 2.1 万公顷,主要分布在江苏、浙江、安徽、福建、湖南、湖北、四川、江西等地。

金花菜喜温暖湿润气候,耐旱性中等,耐瘠性和耐寒性不及紫云英。种子发芽适宜温度为 20℃,生长最适温度为13℃～18℃,幼苗在-5℃时即受冻害,生长期间绝对低温达-10℃时就会冻死。耐阴性差,种植过密或光照强度减弱都对幼苗生长不利。对土壤适应性较广,pH 值 5.5～8.5 之间都可种植,在红壤坡地上也可生长,但产量较低。最宜于较肥沃的旱地和排水良好的水田种植。

2. 形态特征

金花菜为一年生或越年生草本植物,主根细小,侧根发达,有根瘤,密集分布于表土层,茎丛生,匍匐或直立生长,长30～100 厘米,有棱,中空,光滑,近似方形,绿色或带紫红色。三出复叶,小叶倒卵形或心脏形,先端稍圆或凹入,前缘有浅锯齿,下部楔形,叶面绿色,背面稍带白色。总状花序,黄色,有小花 3～6 朵。荚果螺旋形,有 2～3 个旋,边缘有刺毛,刺端有钩。每荚有种子 3～7 粒,种子肾形,黄色,千粒重 2.5 克。

3. 栽培技术

金花菜可与粮棉轮作,还可与麦、稻间作,与茶、桑、果套种。适宜的播期为寒露至霜降,但地区不同也可从白露至立冬前播种。可带荚播种,但播后要踏实,以利吸收水分。与棉花套种或与小麦间作的,可在行间开沟条播或穴播。与水稻套种,可在收稻前 15～20 天稻田不积水时撒播或穴播。在茶、桑、果园,可开沟条播,在田边、隙地以穴播为好。用作饲草、绿肥时带荚播种,每 667 平方米用种 5～6 千克,留种田 3～5 千克。在果园套种每 667 平方米用种 1.5 千克即可。近年来,各地普遍采用金花菜与紫云英混播,或金花菜与苕子、多花黑麦草等混播,以提高产草量。

金花菜需肥量较大,因此,增施磷、钾肥,有显著增产效果。一般多采用磷肥拌种,未施种肥的,最好在苗期或刈割后追肥,每 667 平方米施 15 千克。金花菜不耐积水,生长期间应注意排水。若发生炭疽病、立枯病时应用 1% 波尔多液或稀释50 倍的明矾液防治。若有蚜虫、蓟马、盲椿象等虫害,可用1000～1500 倍的乐果溶液防治。

4. 营养价值和利用

盛花期鲜草干物质中含粗蛋白质 25.1%,粗脂肪 4.2%,粗纤维 18.3%,无氮浸出物 41.7%,粗灰分 10.7%。茎叶柔嫩,适口性好,粗蛋白质含量高,粗纤维含量低,可以青饲、青贮或晒制干草。青饲应在现蕾至初花期、晒制干草和青贮可在盛花期刈割。每年可刈割 3 次,每 667 平方米产鲜草 1500～2500 千克。

(五)花 苜 蓿

1. 分布和适应性

花苜蓿,又名扁蓿豆、野苜蓿、网果胡芦巴。广泛分布于我国东北、华北、西北和西藏。朝鲜半岛、蒙古和俄罗斯等国也有分布。黑龙江、内蒙古都有栽培。耐寒性和耐旱性都很强,亦耐瘠薄土壤。适于高寒地区生长,是典型草原、沙质草原和沙生植被的伴生植物,多生于沙质地、丘陵地和河岸沙地等处,在草甸草原及草原化草甸偶可发现。

2. 形态特征

花苜蓿为豆科苜蓿属多年生草本植物。主根深而发达。茎光滑,有棱,丛生,茎高 20～60 厘米,甚至高达 110 厘米,平卧、斜生或直立,多分枝。叶为三出复叶,叶片倒卵圆形或倒卵状楔形,先端圆形或截形,常有微凹,边缘上部有齿。总状花序,花梗较短,每个花序有花 3～8 朵,花冠蝶形,正面黄色,具紫纹,背面红褐色。荚果扁平,长 7～10 毫米,有种子 2～4 粒。种子黄色,千粒重 1.85 克。

3. 栽培技术

花苜蓿种子硬实率高达 70%,发芽率只有 20%。播前应根据种子发芽情况进行种子处理。可以摩擦处理,擦伤种皮;也可用浓硫酸浸种 15 分钟,然后洗净晾干,再行播种。发芽率可提高到 75% 左右。播种期根据土壤墒情而定,可在夏季雨季来临前播种。条播,行距 30 厘米,播深 1～2 厘米。播种量每 667 平方米 0.5～0.6 千克。刈割后再生性差,产草量较低。在黑龙江省每 667 平方米产鲜草约 1500 千克。亦可与羊草混播,建立人工草地。

4. 营养价值和利用

开花期鲜草干物质含粗蛋白质19.3%,粗脂肪5.1%,粗纤维43%,无氮浸出物24.9%,粗灰分7.7%,其中钙1.19%,磷0.24%。营养价值高,适口性好,各种家畜终年喜食,适宜青饲、调制干草或放牧利用。内蒙古牧区对花苜蓿评价较高,认为家畜采食后上膘快,母畜采食后可提高乳的质量。

(六)白花草木犀

1. 分布和适应性

白花草木犀,又名白香草木犀、白甜车轴草。广泛分布于我国东北、西北以及黄河、长江流域,东部沿海地区的盐碱地上也有野生。目前辽宁、山西、陕西、甘肃、内蒙古等地栽培较多。喜湿润和半干燥气候,耐寒力较强,种子在日均地温3℃～6℃时即可发芽,出现第一片真叶时可耐－4℃的短期低温,气温降至－8.8℃时有45%幼苗受冻死亡,成株能耐－30℃以下低温,在黑龙江省哈尔滨、吉林省公主岭等地能安全越冬。抗旱能力比苜蓿强,适宜在年降水量300～500毫米地区生长。对土壤要求不严,从重粘土到瘠薄土壤都可适应,最适富含钙质的土壤。耐盐碱性较强,适宜的土壤pH值7～9,在含氯盐0.2%～0.3%或含全盐0.56%的土壤中也能生长。

2. 形态特征

白花草木犀为豆科草木犀属二年生草本植物。根系发达,主根入土深达2米,根上具很多根瘤。植株高大,可达2～3米。茎直立,圆形,中空,光滑或稍有毛。三出复叶,小叶椭圆形或倒卵形,边缘有锯齿,叶长约3厘米,宽1～1.5厘米。总状花序,花梗长10～30厘米,有小花40～80朵,花小,白色,具短柄。荚果倒卵形,光滑无毛,具网状皱纹,内含种子1粒。种子长圆形,略扁平,棕黄色,千粒重约2克。见图3。

图3　白花草木犀
1.根和植株基部分枝情况　2.营养枝　3.生殖枝
4.花及其各部分　5.荚果　6.种子

3. 栽培技术

新收获的种子硬实率达40%～60%,存放一二年后硬实减少,为提高发芽率,播前需进行种子处理,可用碾子碾轧到荚壳脱落,种皮发毛为止。一年四季均可播种,于早春解冻时抢墒播种,易于抓苗,当年可收草。春旱多风地区,宜夏播。8～9月份秋播,墒情好,杂草少,易管理。也可于立冬前播种,寄籽越冬。可条播、撒播或穴播,条播行距40～50厘米,播深1～

2 厘米,每 667 平方米播种量 0.5～1 千克。在弃耕坡地上播种,只要把表土耙松,即可沿等高线开沟条播或挖穴点播。也可在早春抢墒撒播,赶羊群踩一遍即能出苗,播种量可适当加大。

在北京地区冬播白花草木犀生长第一年刈割 2 次,每 667 平方米产青草 1000～2000 千克;第二年 4 月底到 5 月初刈割 1 次,每 667 平方米产青草 1000～3000 千克,然后用再生草收种子。在甘肃春播,每 667 平方米当年可收青草 500 千克以上,第二年收 1500～2000 千克。刈割利用应在现蕾期。留茬高 10～15 厘米为宜。白花草木犀花期较长,种子成熟很不一致,而且又易落粒,因此,当植株下半部荚果变褐时即可采收。每 667 平方米产种子 50～100 千克。

4. 营养价值和利用

白花草木犀营养期鲜草干物质中含粗蛋白质 22.2%,粗脂肪 6.7%,粗纤维 23.7%,无氮浸出物 37.5%,粗灰分 9.9%,其中钙 2%,磷 0.26%。其营养成分与紫花苜蓿相似,同样是蛋白质较高的牧草。但因其含有香豆素,味苦,适口性较差。饲喂家畜开始时不喜食,可与禾本科草、苜蓿等混合饲喂,量由少到多,逐渐增加,待习惯后再单独喂。白花草木犀开花结荚时香豆素含量最高,幼嫩时或制成干草后苦味减轻,因此,尽量在幼嫩时或晒干后喂饲,以提高适口性及利用率。但要注意不能用霉烂的草喂家畜,因牲畜食用后香豆素在体内转变为抗凝血素,一旦受伤,血液不易凝固,常常引起内出血而死亡,小牛尤为突出。

(七)黄花草木犀

1. 分布和适应性

黄花草木犀又名黄香草木犀、香马料。原产欧、亚两洲,土耳其、伊朗、西伯利亚等地均有分布。我国东北、华北、西南及长江流域以南有野生分布,东北、西北、华北、华东等地栽培较多。喜温湿或半干燥气候,根系发达,抗寒、耐旱、耐瘠,其抗逆性优于白花草木犀。对土壤要求不严,沙地、涝洼地、盐碱地以及瘠薄土壤上均可生长。开花期较白花草木犀约早2周。播种当年只长茎叶,不能开花结实,第二年由根颈部越冬芽长出新枝,7月份开花,8月份种子成熟。

2. 形态特征

黄花草木犀为豆科草木犀属二年生或越年生草本植物。全株都有较浓的香味。株高1～2米。主根发达,根瘤较多。茎直立,多分枝。三出复叶,小叶椭圆形至披针形,前部叶缘具疏齿。总状花序,腋生,具小花30～40朵,花黄色。荚果卵圆形,被短柔毛,有网状纹,含种子1粒。种子长圆形,黄色或黄褐色,千粒重2～2.5克。

3. 栽培技术

黄花草木犀的栽培技术与白花草木犀基本相同。

4. 营养价值和利用

营养生长期鲜草干物质中含粗蛋白质22.2%,粗脂肪3.3%,粗纤维28%,无氮浸出物37%,粗灰分9.5%,其中钙1.89%,磷0.29%,是蛋白质较高的牧草。利用方法同白花草木犀。

(八)无味草木犀

1. 分布和适应性

无味草木犀又名细齿草木犀。野生的无味草木犀在东北西部,内蒙古中、东部及黄河流域的宁夏、陕西、山西、河南、河北、山东等地都有分布。目前栽培的无味草木犀于1954年引自原苏联。在黄河流域和辽宁中、南部等地生长良好,能正常结实。

无味草木犀较喜低湿,常生长于沟边、路旁、河滩草甸、湖滨轻盐渍化草甸上。苗期不耐旱,对重盐碱地抗性较差。抗锈病,但易染白粉病。

2. 形态特征

无味草木犀为1年生或越年生草本植物。野生种矮小,仅30～50厘米;栽培种高达1～2米。三出复叶,小叶细长,边缘有齿,前端钝圆,具针状突起。总状花序,腋生,花小,黄色。荚果有皱纹,内含种子1粒。种子黄褐色,千粒重2.4克。

3. 栽培技术

无味草木犀栽培技术同白花草木犀,但因种子硬实率高达70%～80%,播前必须进行种子处理,若冬播寄籽越冬,可不必处理。生长后期若发生白粉病,可用托布津、石硫合剂等防治。

4. 营养价值和利用

开花期鲜草干物质中含粗蛋白质15.3%,粗脂肪1.5%,粗纤维32.7%,无氮浸出物39.6%,粗灰分10.9%。无味草木犀的最大优点是香豆素含量低,适口性好,其茎叶所含香豆素仅为干物质的0.01%～0.03%,而黄花草木犀为0.84%～1.22%,白花草木犀为1.05%～1.4%。

利用方法与白花草木犀相同。当株高 70～80 厘米时,即可刈割利用,一般每 667 平方米产青草 1000～2000 千克。

(九)沙 打 旺

1. 分布和适应性

沙打旺,又名直立黄芪、斜茎黄芪、麻豆秧、薄地犟、苦草。原产我国黄河故道地区,即山东、河南、河北及苏北等地,是经过多年引种驯化和人工栽培所形成的栽培种群,是我国特有的草种。野生种分布在东北、华北、西北和西南地区。

沙打旺喜温暖气候,适于在年均温 8℃～15℃,年降水量 300 毫米以上地区种植,在气温 20℃～25℃时生长最快,>0℃积温低于 3 600℃,无霜期不足 150 天的地区不能正常开花结实。沙打旺适应性很强,具有耐寒、耐旱、耐瘠和抗风沙的能力,在贫瘠土壤或沙滩地上种植都能正常生长。但不耐涝,在粘壤土和盐碱地上连续积水 3 天,就会引起死亡。

2. 形态特征

沙打旺为豆科黄芪属多年生草本植物。株高 1.5～2 米,全株被丁字形茸毛。主根粗而长,侧根较多,主要分布在 20～30 厘米土层内,根上着生大量根瘤。茎中空,直立或斜生,主茎不明显,分枝多。奇数羽状复叶,有小叶 7～27 片,小叶长椭圆形。总状花序,多数腋生,少数生于顶端,每个花序有小花 17～79 朵,花蓝紫色。荚果矩形,顶端有稍往下弯曲的喙,二室,内含种子 10 余粒。种子黑褐色,千粒重 1.7～2 克。见图4。

3. 栽培技术

播前要求精细整地,并施农家肥或磷肥作基肥,一年四季均可播种。在春旱严重地区,可在早春解冻时顶凌播种。春季

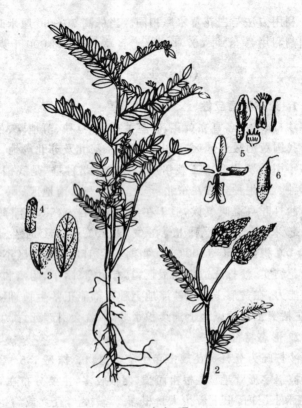

图 4　沙打旺

1. 种植当年的植株幼苗　2. 花枝　3. 小叶片(腹面及背面)
4. 茎的一段(放大)　5. 花及其各部分　6. 荚果

风大,土壤墒情不好的地区,夏季雨后或于秋季播种,秋播杂草少,利于幼苗生长。也可在晚秋或初冬寄籽越冬,利用解冻时土壤墒情发芽出苗。播种方式有条播、撒播或点播。一般多采用条播,行距 30～40 厘米,播深 2 厘米,每 667 平方米播种量 0.3～0.5 千克。在河滩地或沙丘上多采用撒播。

苗期生长缓慢，应注意中耕除草，如遇雨积水过多，应及时排水防涝。生长期间若发生根腐病、白粉病、叶斑病及蚜虫等，要及时防治。此外，菟丝子的寄生对沙打旺常常造成毁灭性危害，要及时拔除病株或用"鲁保1号"菌剂喷杀。

沙打旺再生性好，可连续利用4～5年。播种当年每667平方米可收青草1000～2000千克。从第二年起，每年可刈割2～3次，每667平方米产青草可达3000千克。除单播外，还可与苜蓿、胡枝子、无芒雀麦、苇状羊茅、冰草等混播。开花晚，花期长，种子成熟不一致，成熟的荚果又易自行开裂，因此，当茎下部荚果呈棕褐色时即可采收。

4. 品　种

近十多年来，我国北方许多地区引种沙打旺，由于无霜期短，积温低，沙打旺表现不结实或种子产量很低，为了解决这一难题，各地培育出一批早熟沙打旺品种，如天水水保站的黄河2号沙打旺，黑龙江省畜牧所的龙牧2号沙打旺，辽宁省农科院土肥所、黑龙江农科院嫩江农科所和绥德水保站的早熟沙打旺，都已在生产上推广利用。

5. 营养价值和利用

分枝期茎叶干物质中含粗蛋白质18.2%，粗脂肪2.7%，粗纤维24.1%，无氮浸出物44.1%，粗灰分10.9%，其中钙2.4%，磷0.27%。鲜嫩的沙打旺营养丰富，粗蛋白质和矿物质含量较高。但沙打旺含有硝基化合物，有苦味，适口性不及紫花苜蓿。骆驼喜食，其他家畜习惯后喜食。可青饲或晒制干草，还可与青刈玉米、高粱等混合青贮，刈割应在现蕾期，否则草质老化。沙打旺是我国北方飞播种草的当家草种，除作饲草外，也是良好的水土保持植物和绿肥。

(十)鹰嘴紫云英

1. 分布和适应性

鹰嘴紫云英,又名鹰嘴黄芪。原产欧洲。我国20世纪70年代引种,在北京、辽宁、山西、陕西等地表现良好。喜寒冷潮湿的气候,在潮湿的沙土和砂壤土上,最能表现其根茎匍匐生长的习性,其地下根茎有时可长达3米。抗寒性较强,在高海拔地区紫花苜蓿生长因冷冻或土壤瘠薄受限制时,可以种植鹰嘴紫云英。但最适于在微酸性或中性土壤上生长,幼苗生活力弱,草层建植缓慢,需两年时间才可长成,一旦长成则其存活年限很长。

2. 形态特征

鹰嘴紫云英为豆科黄芪属多年生草本植物。具有粗壮而强大的根茎,根茎在表土层下向四周匍匐生长,根茎芽出土后,即可形成新的茎枝。茎匍匐或半直立,浅绿色,光滑,中空。奇数羽状复叶,小叶长椭圆形,叶片两面有茸毛。总状花序,腋生,花冠白色到浅黄色。荚果膀胱状,先端有钩尖,成熟时黑色,每荚有种子3~11粒。种子肾形,鲜黄色有光泽,千粒重7.7克。见图5。

3. 栽培技术

种子硬实率高,播前需进行处理,可擦伤种皮或用温水浸泡24小时,捞出沥干再行播种。同时用黄芪属根瘤菌拌种。因苗期生长缓慢,要求播前精细整地,生长期间注意中耕除草,如遇干旱须进行灌溉。可春播或夏播,多采用条播,行距30~40厘米,播深1~2厘米,每667平方米播种量0.5~1千克。除用种子繁殖外,还可用地下根茎进行无性繁殖,即将根茎挖出,分割成带有3~5个根茎芽的小段,埋入土中,然后浇水。

图 5　鹰嘴紫云英

1. 花枝　2. 花　3. 荚果　4. 根茎及根系

也可用茎秆扦插,剪取长 3～5 节的枝条,去叶片,斜插土中,再行浇水,很易成活。在建植 3 年的草地上,一般 667 平方米产鲜草 3 500 千克,收种子 50～60 千克。

4. 营养价值和利用

开花期鲜草干物质中含粗蛋白质 20.5%,粗脂肪 3.5%,粗纤维 21.4%,无氮浸出物 43.2%,粗灰分 11.4%,其中钙 1.35%,磷 0.22%。其粗蛋白质含量与紫花苜蓿相近,适口性好,含皂素低,不会引起家畜膨胀病。根茎发达,耐践踏,适宜放牧利用,亦可用于水土保持。

（十一）紫云英

1. 分布和适应性

紫云英,又名红花菜、红花草。原产我国,日本也有分布。紫云英在我国栽培历史悠久,主要分布在长江流域及以南各省,近年已推广到黄淮流域。

紫云英喜温暖湿润气候,不耐寒,幼苗在−5℃～−7℃低温时即受冻害。种子适宜发芽温度为20℃～30℃,生长最适温度为15℃～20℃。虽喜湿润,但水分不宜过多,尤其忌早春积水,否则会引起烂苗或根系发育不良,降低产量。因此,在多雨低湿地区要注意排水防涝。耐旱性较差,生长期间遇干旱,则植株低矮,生长期缩短,严重影响产量和质量。紫云英适宜生长在肥沃的砂壤或无石灰性冲积土上,适宜的土壤pH值5.2～6.2。

2. 形态特征

紫云英为豆科黄芪属一年生草本植物。根系发达,主根肥大,侧根多。茎中空,匍匐或直立,高30～100厘米。奇数羽状复叶,有小叶7～11片,小叶圆形或倒卵形,全缘,先端圆或微凹,中脉明显,叶面光滑或疏生短茸毛,浓绿色,叶背疏生柔毛,色浅。伞形花序,花梗细长,自叶腋生出,有小花7～13朵,花淡红色或紫红色。荚果条状长圆形,有隆起的网脉,稍弯,先端有喙,成熟时黑褐色,内含种子5～10粒。种子肾形,光滑,黄绿色到黑色,千粒重约3.5克。

3. 栽培技术

多为秋播,一般9～10月份中稻田收获后整地播种,可条播或撒播。与晚稻套种时,直接把种子撒在薄层浅水中,经2～3天发芽,然后将水排出落干,待水稻收获后轻耙覆土。每667

平方米播种量 2.5~4 千克,紫云英种子硬实率高,播前需进行摩擦处理或用温水浸种 24 小时,以提高发芽率。未种过紫云英的土地,用紫云英根瘤菌拌种。紫云英对磷钾肥反应敏感,在抽茎前配合氮肥一起施入磷钾肥,有显著增产效果。

主要病害有菌核病、白粉病。前者可用盐水或温水选种,淘汰菌核,或用温汤(54℃)浸种 10 分钟杀死菌核;后者可用多菌灵、托布津喷雾,或用硫黄石灰粉喷撒。主要虫害有蚜虫、蓟马、潜叶蝇等,可用溴氰菊酯、乐果等喷雾防治。

4. 营养价值和利用

盛花期鲜草干物质中含粗蛋白质 25.3%,粗脂肪 5.4%,粗纤维 22.2%,无氮浸出物 38.2%,粗灰分 8.9%。茎叶柔嫩,适口性好,猪、禽、马、牛、羊、兔均喜食。可刈割青饲,调制干草、干草粉或青贮,亦可作为绿肥植物堆放水中,经腐败分解,使水质变肥,以培养大量浮游生物,供鲢、鳙鱼摄食。植物分解形成的有机碎屑,可作为杂食性鱼类如鲫鱼、罗非鱼、鲮鱼的饲料。一般投放 30~40 千克紫云英鲜草,可以生产 1 千克鲢、鳙鱼。每 667 平方米产青草 1500~2000 千克,高者可达 5000 千克。刈割以盛花期最好,当 80% 荚果变褐时即可收获种子,每 667 平方米产种子 40~50 千克。

(十二)二色胡枝子

1. 分布和适应性

二色胡枝子,又名胡枝子。原产中国、日本及朝鲜半岛。广泛分布于我国东北、华北、西北及长江流域各地。多生长在海拔 400~2000 米的山坡地,耐寒、耐旱性都很强,也耐瘠薄,对土壤的适应范围很广,但最适宜壤土和腐殖土。

2. 形态特征

二色胡枝子为豆科胡枝子属多年生落叶小灌木。根系发达,侧根沿水平方向发展,密集在表土层中。茎直立,高 2～3 米,多分枝,下部多木质化。三出复叶,小叶倒卵形或椭圆形,先端钝圆,下面被疏柔毛,总状花序,腋生,花冠紫白两色,荚果倒卵形,疏生柔毛,不开裂,每荚有种子 1 粒。种子千粒重 8.3 克。见图 6。

图 6 二色胡枝子

3. 栽培技术

·适于春播或夏播,可用种子直接播种,也可育苗移栽。直播可条播、点播或撒播。种子硬实率高达 70%～80%,故播前须进行处理。条播行距 70～80 厘米,每 667 平方米播种量 0.5 千克,撒播可增至 1.5 千克。育苗移栽者可用一年生苗,截去上部茎秆,于雨季栽植,覆土 3～5 厘米即可。再生性好,当株高达 100 厘米时即可刈割利用,每年可刈割 2～3 次,每

667 平方米产干草 150~200 千克。7~8 月份开花,9~10 月份种子成熟,种子易采收,一般每 667 平方米产 20~60 千克。

4. 品　种

延边二色胡枝子为东北地区野生种,采自吉林省延边朝鲜族自治州,经人工栽培驯化而成,株高 1.2~3.0 米,多分枝。赤城二色胡枝子为河北省赤城县野生种,经栽培驯化而成,株高 2~3 米,开花期比延边二色胡枝子晚 10~15 天。两个品种均具有耐干旱、耐寒、耐瘠薄、生长年限长的特点,在东北、西北、华北以及长江流域各地的山区、丘陵、沙地上均可种植。

5. 营养价值和利用

开花期鲜草干物质中含粗蛋白质 18.6%,粗脂肪 3.7%,粗纤维 35.2%,无氮浸出物 37.8%,粗灰分 4.7%。适于青饲或放牧,适口性稍差,羊喜食,特别是山羊更喜食,马、牛习惯后喜食。除用作饲草外,还可作水土保持植物或绿肥。

(十三)截叶胡枝子

1. 分布和适应性

截叶胡枝子,又名绢毛胡枝子、白马鞭。原产中国、朝鲜半岛和日本,印度、巴基斯坦也有分布。广泛分布于我国山东、河南、河北、山西、湖南、湖北、江西、安徽、广东、云南等地。生活力强,耐干旱,也耐瘠薄。对土壤要求不严,在红壤、黄棕壤、粘土上都能生长,也耐含铝量高、pH<5 的酸性土壤,但最适于生长在肥沃的壤土上,多生于山坡、丘陵、路旁及荒地,常见零散生长。

2. 形态特征

截叶胡枝子为豆科胡枝子属多年生灌木状草本植物。根系发达,具根瘤。茎斜生或直立,高 30～100 厘米,中部多分枝,分枝具白色短柔毛。叶密集,三出复叶,小叶狭长披针形,先端截形,微凹,有短尖,基部楔形,叶背密生白色柔毛。总状花序,腋生,花柄较短,有小花 2～4 朵,花白色、淡红色至紫色。荚果倒卵形,有种子 1 粒。种子肾形,黄绿色,光滑,千粒重 1.2 克。

3. 栽培技术

可春播也可秋播。条播为好,行距 50～60 厘米,每 667 平方米播种量 1～1.5 千克。除单播外,还可与冬黑麦、苇状羊茅、鸭茅等混播,这样既可延长放牧期,又可增加饲草产量。当株高 20～40 厘米时即可放牧利用或刈割晒制干草,每年可刈割 2～3 次,每 667 平方米产干草 400～750 千克。刈割留茬高度以 8～10 厘米为宜。

4. 营养价值和利用

开花期鲜草干物质中含粗蛋白质 13.5%,粗脂肪 4.6%,粗纤维 23.5%,无氮浸出物 52.1%,粗灰分 6.3%。适宜饲喂牛、羊等家畜,放牧时要重牧,使其保持柔嫩多叶状态。但因单宁含量高,适口性较差,从而降低了干物质和粗蛋白质的消化率。若晒制干草,放置一年后其单宁含量可降低 70%～80%。近年来,美国培育出一些单宁含量低、营养价值高的新品种,如奥罗坦。

(十四)达乌里胡枝子

1. 分布和适应性

达乌里胡枝子,又名兴安胡枝子、牛枝子。原产中国,朝鲜半岛、日本、俄罗斯(远东、东西伯利亚地区)都有分布。抗寒、抗旱性强,适宜生长在年积温 1 700℃～2 750℃及年降水量

300～400 毫米的地区,喜生于向阳干燥的丘陵坡地上,耐瘠薄。

2. 形态特征

达乌里胡枝子为豆科胡枝子属多年生草本状半灌木。茎由基部分枝,枝条斜生,高 20～60 厘米。三出复叶,小叶披针状长圆形,先端钝圆,有短刺尖,全缘,叶背密生短柔毛。总状花序,腋生,花黄绿色至白色,荚果小,包于宿存萼内,倒卵形,具白色柔毛,内含种子 1 粒。种子扁平,卵形,光滑,黄绿色或具暗褐色斑点,千粒重约 2 克。

3. 栽培技术

适宜春播或夏播。条播、穴播均可。每 667 平方米播种量 0.5 千克。除单播外,常与沙打旺、草木犀等混播。种子硬实率低于 20%,出苗容易,若雨季播种,10 天即可出苗。达乌里胡枝子是近十年来我国北方干旱、沙化及退化草原上飞播牧草的重要草种,每年于雨季飞播,次年 6～8 月份开花,9～10 月份种子成熟。当株高达 40 厘米时即可放牧或刈割晒制干草。

4. 营养价值和利用

初花期鲜草干物质中含粗蛋白质 22.2%,粗脂肪 3.1%,粗纤维 34%,无氮浸出物 32.4%,粗灰分 8.3%,其中钙 3.29%,磷 0.3%。可刈割青饲或晒制干草,马、牛、羊、驴等都喜食。其适口性最好部分为花、叶及嫩枝。开花以后适口性下降。

(十五)红 豆 草

1. 分布和适应性

红豆草,又名驴食豆。原产欧洲和俄罗斯。主要分布在欧洲和非洲北部、亚洲西部及南部。我国新疆天山北坡,海拔

1 000～1 200 米半阴坡上有野生分布。甘肃、宁夏、青海、陕西、山西、内蒙古都有栽培。喜温暖干燥气候，在年均温12℃～13℃、年降水量 350～500 毫米地区生长最好，年降水量 200 毫米地区于雨季播种或在冬灌地春播，仍生长旺盛。抗寒性不及紫花苜蓿，在冬季最低温度－20℃以下，无积雪地区，不易安全越冬。适宜生长在沙性土或微碱性土壤上，不宜在酸性土、粘土和地下水位高的土地上种植。

2. 形态特征

红豆草为豆科红豆草属多年生草本植物。根系强大，主根入土深达 3 米以上，侧根发达，多根瘤。分枝自根颈或叶腋处生出，茎直立，圆柱形，粗壮，中空，具纵条棱，绿色或紫红色，疏生短柔毛。奇数羽状复叶，有小叶 13～27 片，小叶长椭圆形或披针形，先端钝圆或稍尖，全缘，下面具短茸毛，开花前多为基生叶，长总状花序，自上部叶腋生出，有小花 25～75 朵，花冠粉红色到深红色。荚果半圆形，扁平，褐色，有凸起网纹，边缘有锯齿，成熟时不开裂，内含种子 1 粒。种子肾形，光滑，暗褐色，千粒重 16.2 克，带荚种子千粒重 21 克。见图 7。

3. 栽培技术

种子大，出苗容易，播种时不要去荚。一般多采用条播，牧草用行距 30～40 厘米，每 667 平方米播种量 3～4 千克；采种用行距 50 厘米，每 667 平方米播种量 2～3 千克。播种深度 3～4 厘米。可春播也可秋播，北京地区多在 3 月底春播，播种当年可开花结实；秋播应在 8 月底之前，以利幼苗越冬。红豆草第一年生长缓慢，第二年至第四年生长快，干草及种子产量都高，第五年后产量逐年下降。除单播外，还可与紫花苜蓿、无芒雀麦、冰草等混播。

在北京地区每年可刈割 2～3 次，每 667 平方米产干草

图7 红豆草
1. 植株 2. 花序 3. 荚果 4. 荚果内的种子

800～1000千克。青饲宜在现蕾期至始花期刈割;晒制干草可在盛花期刈割,留茬高度以5～7厘米为宜。红豆草种子落粒性强,一般在花序中下部荚果变褐时即可采收,第一年每667平方米产种子5～12.5千克,第三四年每667平方米产60～70千克。

4. 品 种

在生产上广泛栽培的红豆草,经全国牧草品种审定委员会审定登记的品种有两个。一为甘肃红豆草,于1944年从英国引种,在甘肃栽培30年以上,适宜西北、华北广大地区栽培。一为蒙农红豆草,是内蒙古农牧学院以加拿大品种麦罗斯为原始材料,在呼和浩特市经多年栽培越冬自然淘汰及多次混合选择育成的抗寒新品种,其越冬率达 89%～100%,比原种提高 20%～37%,产草量也有较大幅度的提高。

5. 营养价值和利用

红豆草开花期干物质中含粗蛋白质 15.1%,粗脂肪 2%,粗纤维 31.5%,无氮浸出物 43%,粗灰分 8.4%,还含有丰富的矿物质和维生素。适口性好,各种家畜均喜食。茎叶含单宁,家畜食后不会得膨胀病。

(十六)小 冠 花

1. 分布和适应性

小冠花,又名多变小冠花。原产南欧和东地中海地区。我国 1973 年开始引进,在南京、山西、陕西、北京等地试种,表现良好。

小冠花喜温暖干燥气候,适宜在年均温 10℃左右、年降水量 400～600 毫米地区种植,生长最适温度为 20℃～25℃。抗寒、抗旱性强,对土壤要求不严,瘠薄土壤也能生长,但以排水良好、pH6 以上的肥沃土壤上生长最佳。耐湿性差,成株浸水 3～4 天,根部腐烂,植株死亡。

2. 形态特征

小冠花为豆科小冠花属多年生草本植物。根系粗壮,侧根发达,横向走串。根系主要分布在 0～40 厘米土层中,主根和侧根上都可长出不定芽,可用分根法进行无性繁殖。茎中空,有棱,质软而柔嫩,匍匐、半匍匐生长,长 90～150 厘米,草丛高 60～70 厘米。奇数羽状复叶,有小叶 11～27 片,小叶长卵圆形或倒卵圆形。伞形花序,腋生,大多由 14 朵粉红色小花,环状紧密排列于花梗顶端,呈冠状。荚果细长如指状,长2～3厘米,荚果上有节,成熟干燥后易于节处断裂成单节,每节有种子1粒。种子细长,褐红色,千粒重4.1克。见图8。

图8 小冠花
1. 根蘖和根 2. 花枝 3. 花 4. 荚果和种子

3. 栽培技术

种子小,硬实率高达70%～80%以上,播前须进行处理,同时要精细整地,并保持土壤水分,以利出苗。苗期生长缓慢,要及时除草,一旦建植成功即可抑制杂草生长。春、夏、秋播种均可,每667平方米播种量0.3～0.5千克。可条播或点播。除单播外,还可与禾本科牧草混播。每年可刈割2～3次,每667平方米产鲜草2500千克。花期持续时间长,种子成熟不一致且容易落粒,应及时采收。

4. 品　种

宾吉夫特多变小冠花1974年从美国引进,该品种分枝力强,叶色淡绿,单株覆盖4～8平方米;绿宝石多变小冠花叶色深绿,枝条较短粗,产草量高;宁引多变小冠花、西辐多变小冠花都具有耐寒、耐热、较耐盐碱的特点。适于黄土高原丘陵沟壑及水土流失严重地区,西北、华北、东北海拔2000米以下至黄河河滩轻盐碱地区,年降水300毫米左右的干旱土石山区种植。

5. 营养价值和利用

开花期鲜草干物质中含粗蛋白质19.8%,粗脂肪2.9%,粗纤维21.2%,无氮浸出物46.2%,粗灰分9.9%,其中钙1.6%,磷0.3%,茎叶柔嫩,适口性好,但含有毒物质β-硝基丙酸,因此不宜用来饲喂单胃家畜,而反刍家畜瘤胃微生物可分解此有毒物质,故可用以饲喂反刍家畜。此外,还可用作水土保持。

(十七)蒙古岩黄芪

1. 分布和适应性

蒙古岩黄芪又名羊柴、山竹子。原产中国、蒙古、俄罗斯,在我国东北、内蒙古、河北及陕西等地都有分布,在固定、半固定沙丘及沙窝子中常有发现。抗寒、耐旱,也能耐短期高温,因此,能在沙丘中生长。在－30℃低温下能安全越冬,夏季沙地表面温度高达50℃也能成活。根深,在长期干旱情况下仍能保持青绿。其茎被流沙掩埋后又可生根,萌发新株。

2. 形态特征

蒙古岩黄芪为豆科岩黄芪属多年生半灌木。根粗壮,红褐色,入土深 2 米以上,侧根沿水平分布向四周伸展。根颈处着生芽,发育成枝条,茎直,株高 60～150 厘米,小枝黄绿色或带紫褐色,密被平伏的短茸毛。奇数羽状复叶,小叶 13～21 片,披针形或椭圆披针形,先端钝尖,叶面无毛,叶背具短柔毛。总状花序,腋生,有花 4～10 朵,花紫红色。荚果椭圆形或条形,有毛,具网状脉纹,含种子 1～3 粒。种子千粒重约 10 克。见图 9。

3. 栽培技术

蒙古岩黄芪种子硬实率高,播前应先去荚,用温水浸种、擦破种皮或用浓硫酸处理等,以提高发芽率。可于早春顶凌播种,或于夏天雨季播种。可条播、撒播或点播,条播行距 40～50 厘米,播深 2 厘米,每 667 平方米播种量 1～2 千克;若在沙地上撒播,播后赶羊群踏一遍,出苗也很好。除用种子繁殖

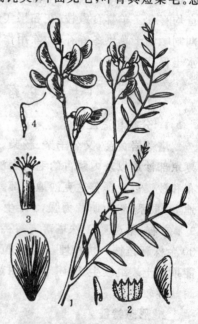

图 9 蒙古岩黄芪
1. 花枝 2、3. 花的各部分 4. 荚果

外,还可用茎枝扦插、分株移栽或压条等方法进行无性繁殖。苗期生长缓慢,除加强管理外,严禁放牧,生长 2～3 年再放牧

利用。晒制干草宜在开花期刈割,每667平方米产干草200～300千克。种子成熟不一致,且容易脱落,应及时采收,每667平方米产种子5～7.5千克。

4. 营养价值和利用

营养期鲜草干物质中含粗蛋白质16.3%,粗脂肪3.8%,粗纤维25%,无氮浸出物47%,粗灰分7.9%,其中钙1.18%,磷0.35%。营养丰富,适口性好,多用于放牧,各种家畜均喜食。羊喜食嫩枝、花和果实,骆驼一年四季喜食。花期刈割晒制干草供冬春补饲。除用作饲草外,还是良好的固沙和水土保持植物。

(十八)塔落岩黄芪

1. 分布和适应性

塔落岩黄芪,又名羊柴、杨柴。分布于我国陕北榆林和宁夏东部沙地以及内蒙古的毛乌素沙地,库布齐沙漠东部、乌兰布和沙漠以及浑善达克沙地西部。生于流动、半流动和固定沙地上,根系发达,萌蘖力强,3年生植株主根深约1米,根幅达9米左右。据观测,1株塔落岩黄芪借助根蘖繁殖,最多可形成80余株新植株。抗沙埋,2年生植株在沙埋1.5米情况下,仍能顶出土表继续生长。耐干旱、耐热,具有一定的抗风蚀能力,耐盐性较差。

2. 形态特征

塔落岩黄芪为豆科岩黄芪属多年生沙生灌木,株高100～150厘米,根入土深达2米。奇数羽状复叶,小叶9～17片,条形或条状长圆形。总状花序,腋生,具4～10朵花,花紫红色。荚果通常具2～3个荚节,有时仅1节发育,无毛有喙。种子圆形,黄褐色,千粒重15～17克。

3. 栽培技术

在雨水较多的半干旱沙区可在 6～7 月份用种子直接播种。播种深度 3～5 厘米。在迎风坡直播时须有沙障保护。播种方式可采用穴播或块状条播。有防护时采用穴播,穴距 2～3 米,每穴 4～8 粒种子;无防护时则采用块状条播,每块 1 平方米(1 米×1 米),块距 3 米,每块内播 3～5 行,每 667 平方米播种量 1 千克。在干旱区的流沙上宜于植苗,栽植多用 1～2 年生苗,株行距 1 米×2 米～2 米×2 米;也可用丛植,即用纸筒育苗(纸筒直径 4～5 厘米,长 12 厘米,上、下开口),育苗期 3～4 周,栽植时每 50 厘米×50 厘米的面积内用 8 筒。其空隙处播种沙蒿以防风,这样既大大缩短了育苗周期,又不用设沙障保护,从而加快了固沙进程。

4. 品　种

生产上广泛利用的塔落岩黄芪有 2 个品种:一为野生栽培品种—内蒙塔落岩黄芪,原为内蒙古阴山山地以南黄土丘陵覆沙地库布齐、毛乌素沙地野生种,经长期栽培驯化为栽培种。另一个是中国农业科学院草原研究所从毛乌素沙地塔落岩黄芪野生群体中选择高大繁茂植株为原始材料,经多次单株选择与混合选择培育而成的新品种,其生物产量比野生群体提高 20% 以上。

5. 营养价值和利用

塔落岩黄芪枝叶繁茂,适口性好,其开花期干物质中含粗蛋白质 23.6%,粗脂肪 4.0%,粗纤维 15.6%,无氮浸出物 49.8%,粗灰分 7.0%。羊喜食叶、花及果实,骆驼终年喜食,开花期马亦喜食,牧民常采集其花补饲羔羊,开花期刈割晒制的干草,各种家畜均喜食。除饲用外,亦是固沙的优良草种。

(十九)细枝岩黄芪

1. 分布和适应性

细枝岩黄芪,又名花棒。主要分布于我国内蒙古、宁夏、甘肃、新疆等省区。俄罗斯中亚地区和蒙古国也有分布。生长在沙漠地带的流动和半固定沙丘上,为浅根性植物,主根不长,侧根极发达,向四周伸展成网状,主要根系分布于 10~60 厘米的沙层中。耐旱、耐沙埋、萌蘖力强,被沙埋后,在 60~150 厘米处形成另一层根系网,增加了对水分和养分的吸收,故生长更旺盛。据观测,5~6 龄的植株根幅可达 10 米左右。耐热,成株可耐 40℃~50℃高温,当沙面高温达 70℃以上时仍能正常生长。不耐湿,地下水位高或排水不良,影响正常生长,造成烂根死亡。成株具抗风蚀能力。

2. 形态特征

细枝岩黄芪为豆科岩黄芪属多年生沙生灌木,株高 90~300 厘米,丛幅达 3~5 米。树皮深黄色或浅黄色,常呈纤维状剥落,树枝灰黄色或灰绿色。奇数羽状复叶,植株下部羽状复叶有小叶 7~11 片,上部具少数小叶,最上部叶轴常无小叶。小叶披针形或条状披针形,长 15~43 毫米,宽 1~3 毫米,全缘,灰绿色,叶轴有毛。总状花序,花紫红色。荚果有 2~4 个荚节,宽椭圆形或近宽卵形,膨胀,具明显网纹,密生白色柔毛。种子千粒重(带荚)23.5 克。

3. 栽培技术

在干旱区的流动沙丘上宜于植苗,在半干旱草原区,可以扦插或直播,一般在雨季进行。用种子直播以穴播和条播较好,每 667 平方米播种量 0.5~1 千克。植苗多用 1~2 年生苗,苗根长 40 厘米较好,植苗深度为 40 厘米,株行距一般为

1米×2米或2米×2米。在年降水量300毫米左右的沙区，可结合平茬进行扦插，选0.7～1.5厘米粗的枝段，截成40～60厘米的插穗，用水浸泡1～3天，然后挖坑插条。由于沙埋和风蚀程度不同，所以在沙丘侧翼的植株生长最好，在风蚀严重的迎风坡栽植需有沙障保护，以利成活。

4. 营养价值和利用

细枝岩黄芪开花期干物质中含粗蛋白质18.34%，粗脂肪3.02%，粗纤维25.66%，无氮浸出物45.87%，粗灰分7.11%，适口性好，粗蛋白质和无氮浸出物含量较高，钙的含量较高，对饲养幼畜具有重要意义。其嫩枝、叶、花、果山羊、绵羊均喜食，骆驼终年喜食。花期刈割调制的干草为各种家畜所喜食。除用作饲草外，还可用于固沙。花多、花期长，是养蜂业极好的蜜源植物。

（二十）百 脉 根

1. 分布和适应性

百脉根，又名牛角花、鸟趾豆、五叶草。原产欧、亚两洲的温暖地带。现已分布于欧洲、北美、南美、印度、澳大利亚、新西兰等地。我国华南、华北、西南、西北均有栽培，云南、贵州、四川、湖北、陕西等地有野生百脉根分布。喜温暖湿润气候，耐寒性较差，不适宜寒冷、干旱的地区种植。近年来从加拿大引进的里奥(leo)百脉根，抗寒性较强，在北京、陕西武功可安全越冬。在青海西宁、吉林公主岭有60%植株能越冬。播种当年能开花，但种子不能成熟。第二年可开花结实并收获种子。

百脉根适宜在肥沃、排水良好的沙质土上生长，土层较浅、土质瘠薄以及微酸、微碱性土壤也可适应，适宜的土壤pH值6.2～6.5。不耐水渍。

2. 形态特征

百脉根为豆科百脉根属多年生草本植物。直根系,主根粗壮,侧根多,主要分布在 30 厘米以内土层中。茎枝丛生,无明显主茎,茎长 30～80 厘米,光滑无毛,匍匐或直立生长。叶为三出复叶,小叶卵形或倒卵圆形。叶柄基部有两片托叶,托叶与小叶相似,常被认为五片叶。蝶形花冠,黄色,旗瓣有明显紫红色脉纹。伞形花序,有小花 4～8 朵。荚果长而圆,角状,似鸟趾,成熟时褐色,每荚有种子 10～15 粒。种子小,黑褐色,有光泽,千粒重 1～1.2 克。见图 10。

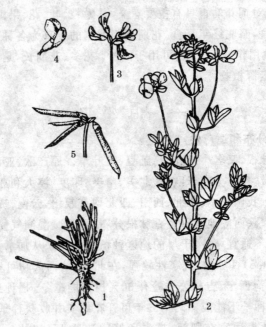

图 10 百 脉 根

1. 根部　2. 植株上部　3. 花序　4. 花　5. 荚果

3. 栽培技术

百脉根种子小,苗期生长缓慢,播前要精细整地。在寒冷地区可早春播种;温暖地区可夏播或秋播,但秋播不宜过迟,否则幼苗越冬有困难。播种方式以条播为好,行距 30～40 厘米,播深 1～2 厘米,每 667 平方米播种量约 0.5 千克。除单播外,还可与无芒雀麦、鸭茅、多年生黑麦草、牛尾草等混播,播种量比单播减少 1/3。播种当年,幼苗与杂草竞争能力弱,要注意及时除草。第二年返青后生长较快,可迅速覆盖地面。每次刈割后应及时浇水、松土,以利再生。再生枝条多自叶腋长出,故刈割留茬高度以 8～10 厘米为宜。施用磷肥可提高产草量,尤其是在酸性土壤上施石灰和磷肥效果更佳。采种田每667 平方米产种子 10～15 千克。

4. 营养价值和利用

叶量多,草质柔嫩,适口性好,营养价值高,各种家畜均喜采食,是良好的放牧场牧草。据分析,开花期鲜草干物质中含粗蛋白质18.8%,粗脂肪3.4%,粗纤维32.3%,无氮浸出物38.6%,粗灰分 6.9%。干草中有机质消化率为 68.64%,百脉根茎叶中皂素含量低,不会引起家畜膨胀病。

(二十一)柠 条

1. 分布和适应性

柠条,又名柠条锦鸡儿、毛条等。主要分布于我国东北、内蒙古、河北、山西、陕西、宁夏等地。喜生于固定、半固定沙地,在流动沙地、覆沙戈壁或丘间谷地、干河床边也有生长。抗寒、耐热,在 −39℃低温下能安全越冬,在夏季沙地表面温度达45℃时亦能正常生长。根系强大,入土深,能充分利用土壤深层水分,在年降水量 150 毫米以下地区生长良好,抗旱性很强。耐风蚀、沙埋,根系被风蚀裸露后,仍能正常生长,植株被沙埋后,分枝生长则更加旺盛。

图 11 柠 条

1. 枝条 2. 小叶 3. 旗瓣 4. 翼瓣 5. 龙骨瓣 6. 荚果

2. 形态特征

柠条为豆科锦鸡儿属多年生落叶灌木。根系发达,入土深达 5～6 米,最深可达 9 米,水平伸展可达 20 米。高 1.5～5 米,树皮金黄色,有光泽,小枝灰黄色,具条棱,密被绢状柔毛,长枝上的托叶宿存并硬化成针刺状。羽状复叶,具小叶 12～16 片,小叶披针形或长圆状倒披针形,两面密生绢毛。花单生,黄色。荚果短圆状披针形,稍扁,革质,深红褐色。种子肾形,黄褐色或褐色,千粒重 23～32 克。见图 11。

3. 栽培技术

采用旱直播,在沙地上不须整地,在粘重的土壤上可带状整地,黄土丘陵沟壑区多采用小穴整地。从春到秋都可播种,但播种时要求土壤含水量不低于 10%,因此,在 6～7 月份雨季抢墒播种为好,此时温度高,土壤水分充足,出苗快而整齐。可条播、撒播或点播,条播行距 1.5～2 米,播深 3 厘米,每 667 平方米播种量 1～1.5 千克。

幼苗生长缓慢,播后应围封 3 年,严禁放牧,以利苗期生长。柠条寿命长,可一年种植多年利用,当生长到 8～10 年、植株表现衰老,生长缓慢或有枯枝以及病虫害严重时,应于立冬到翌年春天解冻前平茬,把枝条全部贴地割掉,以利从根茎长出新枝,恢复生机。

常见的虫害有柠条豆象、小蜂、象鼻虫等,这些害虫对种子的危害率可达 50% 以上。防治方法:可在柠条开花期喷洒 50% 的百治屠 1000 倍液毒杀成虫,或于 5 月下旬喷洒 50% 的杀螟松 500 倍液毒杀幼虫。

4. 营养价值和利用

开花期鲜草干物质含粗蛋白质 15.1%,粗脂肪 2.6%,粗纤维 39.7%,无氮浸出物 37.2%,粗灰分 5.4%,其中钙 2.31%,磷 0.32%。营养丰富,枝叶繁茂,产草量高,但适口性较差。绵羊、山羊和骆驼春季喜食其幼嫩枝叶,春末喜食其花,夏秋采食较少,初霜后又喜食。马、牛采食较少。种子加工处理后可作为羊的精饲料。柠条抗逆性强,是防风固沙、保持水土的优良树种,也是良好的蜜源植物。

(二十二)小叶锦鸡儿

1. 分布和适应性

小叶锦鸡儿,又名柠条、连针、猴獠刺。分布于我国东北、内蒙古、河北、陕西等省区,蒙古国及俄罗斯西伯利亚地区也有分布。多生长在草原地带的沙质地、半固定沙丘、固定沙丘以及山坡地上,具有耐旱、耐寒、抗风沙、再生力强等特点。根系极为发达,主根入土深,根幅扩展较宽。在内蒙古高原上常与羊草、隐子草、大针茅等构成不同覆盖度的灌丛化草原。

2. 形态特征

小叶锦鸡儿为豆科锦鸡儿属多年生旱生灌木,株高 40～70 厘米,最高可达 150 厘米。树皮灰黄色或黄白色,小枝黄白色至黄褐色。长枝上的托叶宿存硬化成针刺状。羽状复叶,小叶 10～20 片,倒卵形或倒卵状长圆形,幼时两面密被绢状短柔毛。花单生,长 20～25 毫米,黄色。荚果扁,条形,长 4～5 厘米,宽 5～7 毫米,深红褐色,顶端斜长渐尖。种子千粒重 40 克。

3. 栽培技术

从春到秋都可播种,最适雨季抢墒播种。在沙丘、沙地上可用种子直播,播后覆土不宜过厚,以免沙埋影响出苗。每 667 平方米播种量 0.75～1 千克。目前应用广泛的是带状条播,带宽 5～10 米,带距 10～20 米,播后及时镇压。除单播外,可与沙蒿、沙打旺、胡枝子、山竹子混播。小叶锦鸡儿是我国北方飞播种草的主要草种之一,幼苗期生长较慢,3 年后地上部生长加快,平茬后当年株高可达 1 米以上。5 月份开花,7 月份种子成熟,荚果易开裂,种子落地后可自发成苗。

4. 营养价值和利用

盛花期干物质中含粗蛋白质 25.2%,粗脂肪 4.4%,粗纤维 39.0%,无氮浸出物 25.4%,粗灰分 5.4%,钙 1.69%,磷 0.36%。其叶、一年生枝条及嫩梢,各种家畜均喜食,骆驼终年喜食,惟马不喜食。小叶锦鸡儿固沙效果好,一些地区除栽培用于饲草外,还兼作绿篱林带用于防风沙。

(二十三)春箭筈豌豆

1. 分布和适应性

春箭筈豌豆,又名普通野豌豆、普通苕子、大巢菜等。原产欧洲南部和亚洲南部。日本、朝鲜半岛也有分布,我国各省(自治区)都有分布,但主要分布于四川、云南、江西、江苏、陕西、甘肃等省,西北、华北近年种植较多。喜凉爽干燥气候,抗寒性强,幼苗能耐−6℃的低温,但不耐炎热,生长发育所需最低温度为 3℃～5℃,成熟要求温度为 10℃～20℃。较耐旱,对土壤要求不严格,但喜排水良好的壤土及砂壤土。耐酸,适宜的土壤 pH 值 6～6.5。

2. 形态特征

春箭筈豌豆为豆科野豌豆属一年生草本植物。根系发达,主根肥大,入土不深,根上具大量粉红色根瘤。茎细软,有条棱,多分枝,幼时直立,以后匍匐生长或半攀援,长 60～100 厘米。羽状复叶,有小叶 4～8 对,小叶倒卵形或长椭圆形,先端凹入并有小尖头。叶轴长 4～8 厘米,顶端具有分枝的卷须。花 1～3 朵,生于叶腋,花梗极短,花冠紫色或淡红色。荚果细长,成熟时褐色,易爆裂,每荚有种子 3～8 粒。种子较大,圆形或扁圆形,有黄白、灰、黑、褐各色,千粒重 40～60 克。见图 12。

3. 栽培技术

在南方宜于 9 月下旬秋播,北方适宜早春播种。播种方法有撒播、条播和点播。单播可条播或点播,条播行距 30～40 厘

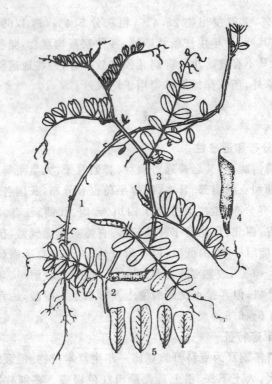

图 12　春箭筈豌豆

1. 植株根部　2. 植株中部　3. 植株上部

4. 荚果　5. 四种基本叶形

米,点播穴距 25 厘米,播深 3～4 厘米,每 667 平方米播种量
4～6 千克。还可与多花黑麦草、大麦、燕麦等混播,混播可采
用间行条播或撒播,其播种量分别为其单播时的 70%。如与
多花黑麦草混播,每 667 平方米播种量为春箭筈豌豆 2.8～
4.2 千克加多花黑麦草籽 0.7～1.05 千克。

春箭筈豌豆幼苗出土能力差,苗期生长缓慢,出苗时要防
止土壤板结,苗期要注意中耕除草,并视土壤墒情适时浇水。

青饲宜于盛花期刈割;用于青贮或晒制干草以始荚期刈割为宜。年可刈割 2 次,每 667 平方米产青草 1500～2000 千克,种子宜在 80% 荚果变黄时收获,每 667 平方米产种子 100～150 千克。

4. 营养价值和利用

开花期鲜草干物质中含粗蛋白质 16.1%,粗脂肪 3.3%,粗纤维 25.2%,无氮浸出物 42.3%,粗灰分 13.1%,其中钙 2%,磷 0.25%。茎枝柔软,叶量多,适口性好,各种家畜均喜食。籽实产量高,粗蛋白质含量约 30%,是家畜的精饲料,但籽实中含有生物碱和氢氰酸,饲用时应先用温水浸泡 24 小时,然后再煮熟,并避免大量连续饲用。

(二十四)毛野豌豆

1. 分布和适应性

毛野豌豆,又名冬箭筈豌豆、冬巢菜、毛叶苕子等。原产欧洲北部。我国安徽、江苏、河南、陕西、甘肃、四川等地种植较多,东北、华北也有栽培。属弱冬性类型,耐寒性较春箭筈豌豆强,在 -30℃ 低温下仍能生存,抗旱性强,不耐水淹,也不耐夏季酷热,气温 20℃ 左右生长发育最快。喜沙土或砂壤土,在排水良好的粘土上也能生长;适宜的土壤 pH 值 5～8.5,耐盐碱,土壤含盐量 0.2%～0.3% 能正常生长。

2. 形态特征

毛野豌豆为豆科野豌豆属一年生草本植物。全株具长茸毛。主根长 1 米左右,侧根多,根上着生大量姜形或扁形根瘤。茎匍匐蔓生,具四棱,长 1～2 米,有时可达 3 米以上,草层高 40 厘米左右,主枝生长势差,侧枝生长势强,往往超过主枝,分枝力极强,一般有分枝 20～30 个,最多可达 70 个。羽状复叶,有小叶 5～10 对,顶端具卷须,小叶狭长、矩形。总状花序,花梗长,有花 10～30 朵,聚生于花梗上部一侧,无限花序,花期可达 40 天以上。花蓝紫色,花柱上部四周有短茸毛。荚果矩形,淡黄色,每荚有种子 2～8 粒。种子圆形,黑色,千粒重 30～45 克。见图 13。

图 13　毛野豌豆

1. 植株　2. 小叶片　3. 茎的一段(放大)　4. 花　5. 荚果

3. 栽培技术

毛野豌豆可春播或秋播,长江流域及黄淮地区以 8 月中旬到 9 月下旬秋播为宜,西北、华北宜于 3～5 月份春播。可条播或撒播,收种田行距 45～50 厘米,每 667 平方米播种量 2

～2.5千克;收草田行距30～35厘米,每667平方米播种量3～4千克。最适与大麦、燕麦、冬黑麦等禾本科作物混播,禾本科作物起支撑作用,可提高青饲料的产量和质量。

苗期生长缓慢,应注意中耕除草,并视土壤墒情适时浇水。封垄后即能抑制杂草生长。南方每年可刈割2次,每667平方米产青草1750～2550千克。晒制干草应在盛花期刈割,留茬高度以10厘米为宜。毛野豌豆属无限结荚类型,种子成熟极不一致,当60%种荚成熟时即可采收。每667平方米产种子20～50千克。生长期间易受蚜虫、蓟马危害,可用40%乐果乳剂1000倍液喷雾防治。

4. 营养价值和利用

盛花期鲜草干物质中含粗蛋白质22.8%,粗脂肪4.2%,粗纤维27.8%,无氮浸出物33.8%,粗灰分11.4%。茎枝柔嫩,适口性好,各种家畜均喜食。若放牧,家畜采食不宜过多,防止发生臌胀病。此外,毛野豌豆亦是优良的绿肥作物。

(二十五)山野豌豆

1. 分布和适应性

山野豌豆,又名芦苇苗、宿根苕子等。分布于我国东北、内蒙古、山西、陕西、甘肃、青海、河南、河北、山东等地。在朝鲜半岛、日本、蒙古及俄罗斯远东地区均有分布。多生长在森林草原、草甸或山坡、林缘、沟谷等较为阴湿的草丛中。

喜冷凉气候,耐寒性强,冬季气温降到－40℃时,如有雪覆盖,仍能安全越冬。根系发达,入土深,抗旱性强。耐瘠,耐阴,常攀援在灌木丛或草丛中,除盐碱土及灰棕壤土外,其他土壤均能生长,尤以肥沃黑钙土生长最好,春播当年生长缓慢,不开花或开花很少,第二年可正常开花。

2. 形态特征

山野豌豆为豆科野豌豆属多年生草本植物。主根粗壮,根状茎横向走串,萌蘖力强。茎攀援或直立,具四棱,多分枝,高80~120厘米。偶数羽状复叶,有小叶8~14片,叶轴顶端呈分枝或单一的卷须。小叶椭圆形或长圆形,先端圆或微凹,有细尖,全缘,表面绿色,背面灰绿色,两面疏生柔毛或近无毛。总状花序,腋生,有小花10~30朵,花梗有毛,花紫色或蓝紫色。荚果长圆形,两端尖,棕褐色,内含种子2~4粒。种子圆形,黑褐色,千粒重约14克。

3. 栽培技术

种子硬实率较高,播前应处理,同时要求精细整地,施农家肥作底肥。可春播或夏播。条播或撒播均可,条播行距20~30厘米,播深3~4厘米,每667平方米播种量3~4千克,播种后镇压。除单播外,最好与禾本科牧草混播,以提高第一二年的产量。苗期生长缓慢,要及时中耕除草。第三年以后产量显著增加,每667平方米产青草可达1200千克。种子成熟时易炸荚,在60%~70%荚果变褐时及时采收。每667平方米产种子10~15千克。

4. 营养价值和利用

开花期鲜草干物质中含粗蛋白质19.4%,粗脂肪2.2%,粗纤维26.3%,无氮浸出物46.4%,粗灰分5.7%,其中钙1.24%,磷0.51%。其粗蛋白质含量较高,茎叶柔嫩,适口性好,各种家畜均喜食。生长期长,是建立人工割草地和放牧地的优良混播草种。

（二十六）光叶紫花苕

1. 分布和适应性

我国于 20 世纪 40 年代从国外引进,先后在江苏、河南、山东、安徽、湖北、云南、四川、甘肃、新疆等省区种植,表现良好。适应性广,自平原至海拔 2 000 米的山区均可种植,在红壤坡地以及黄淮海平原的轻碱沙土均生长良好。种子发芽最适温度为 20℃~25℃,气温降至 3℃~5℃时地上部停止生长,20℃左右生长最快。耐瘠性及控制杂草能力强,可以在 pH 值 4.5~5.5、含盐量低于 0.2% 的各种土壤上种植。

2. 形态特征

光叶紫花苕为豆科一年生或越年生草本植物,主根粗壮,侧根发达;主茎不明显,茎蔓生柔软,多分枝;茎四棱中空;偶数羽状复叶,先端有卷须 3~4 枚,小叶 8~20 片,矩圆形或披针形,长 1~3 厘米,宽 0.4~0.8 厘米。总状花序,有花 15~40 朵,花红紫色。荚果矩圆形,光滑,淡黄色,含种子 2~6 粒;种子球形,黑色,有绒毛,千粒重 24.5 克。

3. 栽培技术

光叶紫花苕在南方秋播,北方多春播。一般采用条播,也可穴播。稻田秋播宜先浅耕灭茬或免耕,然后穴播;在棉田、玉米田及果树行间套种,应先整好土地,再条播;春麦田套种可撒播,播后保持较好墒情。条播行距 40~50 厘米,播深 3~4 厘米,每 667 平方米播种量 3~5 千克。用磷肥作基肥,可收到良好的增产效果。除单播外,可与多花黑麦草或黑麦混播,比单播增产 30%。还可作为水稻、玉米、棉花的前作,适时耕翻,对后作增产效果明显。

4. 营养价值和利用

初花期干物质中含粗蛋白质 21.1%,粗脂肪 4.4%,粗纤维 32.9%,无氮浸出物 34.0%,粗灰分 7.6%。适口性好,牛、羊、猪、兔均喜食,一般每 667 平方米产鲜草 3 000 千克以上。青饲可分次刈割,9 月份播种的可于翌年 3 月下旬和 5 月上旬各收 1 次;8 月中下旬播种,可于临冬、早春、初夏各收 1 次。还可于初花期刈割调制干草或制成草粉。花期长达 1 个月,也是良好的蜜源植物。

(二十七)红 三 叶

1. 分布和适应性

红三叶,又名红车轴草。原产小亚细亚及南欧,是欧洲各国、加拿大、美国东部、新西兰及澳大利亚等海洋性气候地区最主要的豆科牧草之一,我国新疆、云南、湖北、贵州、四川等地都有分布,鄂西山区已有 100 多年栽培历史,云贵高原种植面积较大。

红三叶喜凉爽湿润气候,适宜在 ≥10℃,活动积温 2 000℃,年降水量 1 000 毫米左右的地区种植。生长最适温度为 15℃~25℃,能耐 -8℃ 的低温,但耐寒力不及紫花苜蓿与草木犀。不耐热,夏季高温则生长不良或死亡。喜生于排水良好、土质肥沃,并富含钙质的粘壤土,适宜的土壤 pH 值 6~7.5,耐盐碱性差。

2. 形态特征

红三叶为豆科三叶草属多年生草本植物。一般寿命 2~4 年。直根系,主根入土深 60~90 厘米,根系主要分布于 0~30 厘米土层中。分枝力强,一般 10~15 条,多者 30 条。茎自根颈生出,圆形,中空,直立或斜生,高 50~140 厘米。托叶大,先端尖锐,膜质,有紫色脉纹。三出复叶,小叶卵形或椭圆形,叶面有灰白"V"字形斑纹,全缘。茎叶有茸毛。头形总状花序,生于茎枝顶端或叶腋处,每个花序有小花 50～100 朵,花红色。荚果小,每荚有种子 1 粒。种子肾形或椭圆形,棕黄色或紫色,千粒重约 1.5 克。见图 14。

图 14 红 三 叶

1. 茎枝　2. 花序　3. 成熟时的花序　4. 荚果及种子　5. 植株基部和根

3. 栽培技术

播前要求精细整地,在瘠薄土壤或未种过三叶草的土地上，每 667 平方米施 1500～2000 千克厩肥作底肥，并用相应的根瘤菌剂拌种。春秋均可播种，南方以 9 月份秋播为好，北方宜 3 月下旬春播。条播行距 30～40 厘米，播深 1～2 厘米，每 667 平方米播种量 0.5～1 千克。苗期生长缓慢，应注意中耕除草，刈割后要及时中耕松土，以利再生。北京地区每年可刈割 2～3 次，每 667 平方米产青草 2000 千克。南方每年可刈割 3～5 次，每 667 平方米产青草 4000～5000 千克。青饲宜在初花期刈割，晒制干草应在盛花期刈割。种子成熟很不一致，当 80% 花序变褐，花梗枯干时即可收获，每 667 平方米产种子 15～40 千克。

4. 品　种

巴东红三叶是 100 年前由比利时传教士带入，在湖北省鄂西地区长期栽培、驯化而成的地方品种。巫溪红三叶是 1953 年从美国引进少量种子，在红池坝种植，逐渐繁衍，逸为野生种，后采集到部分种子，经栽培驯化而成的地方品种。两个品种均适宜在海拔 800 米以上的山地及云贵高原地区种植。气候湿润的丘陵、岗地、平原亦宜种植，供作短期利用。岷山红三叶是 1940 年从美国引进，在甘肃岷山种畜场长期种植，后搜集当地散逸种，经栽培驯化而成的地方品种，该品种适宜在甘肃省温暖湿润，夏季不十分炎热地区种植。

5. 营养价值和利用

开花期鲜草干物质中含粗蛋白质 17.1%，粗脂肪 3.6%，粗纤维 21.5%，无氮浸出物 47.6%，粗灰分 10.2%，其中钙 1.29%，磷 0.33%。干物质消化率达 61%～70%，草质柔嫩，适口性好，各种家畜均喜食。可用于放牧、青饲或调制干草，也可打浆喂猪。红三叶与多年生黑麦草、鸭茅、草地羊茅等混播的草地，可为家畜提供近乎全价营养的饲草。与禾本科牧草混合青贮,效果良好。

(二十八)白 三 叶

1. 分布和适应性

白三叶,又名白车轴草、荷兰翘摇。原产欧洲,广泛分布于温带及亚热带高海拔地区。我国云南、贵州、四川、湖南、湖北、新疆等地都有野生分布,长江以南各省大面积栽培。喜温凉湿润气候,生长最适温度为 19℃～24℃,适应性较其他三叶草为广,耐热、耐寒性较红三叶、杂三叶强。耐阴,在果园树荫下生长良好。对土壤要求不严,耐瘠、耐酸,适宜的土壤 pH 值 6～7,最适排水良好、富含钙质及腐殖质的粘质土壤。不耐盐碱。

2. 形态特征

白三叶为豆科三叶草属多年生草本植物。主根短,侧根发达,集中分布于 15 厘米以内的土层中,多根瘤。主茎短,基部分枝多,茎匍匐,长 30～60 厘米,实心圆形,光滑细软,茎节着地生根,并长出新的匍匐茎向四周蔓延,侵占性强。三出复叶,叶柄细长,草层高可达 30～40 厘米。小叶倒卵形或心脏形,叶缘有细锯齿,叶面中央有"V"字形白斑。头形总状花序,花梗较叶柄长,生于叶腋,有小花 20～40 朵,多者达百余朵,小花白色或粉红色,花冠不脱落。荚果细小而长,每荚有种子3～4 粒。种子细小,心脏形,黄色或棕黄色,有光泽,千粒重0.5～0.7 克。见图 15。

根据叶片大小可分为大叶、中叶、小叶三种类型:大叶型品种叶片较大,草层高,长势好,但耐牧性稍差,生长期间需水较多,产草量高;小叶型品种叶片较小,耐践踏,产草量低;中叶型品种介于两者之间。我国栽培的多为中叶型品种。

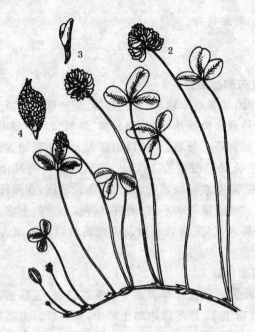

图 15　白三叶

1. 花枝　2. 花序　3. 花　4. 荚果

3. 栽培技术

种子细小,播前务须精细整地,每 667 平方米施农家肥
1500～2000 千克作底肥,并用三叶草根瘤菌拌种,可春播或
秋播,南方以秋播为宜,但不能迟于 10 月中旬,过晚易受冻
害。北方宜于 3～4 月份春播。条播行距 30 厘米,播深 1～1.5
厘米,每 667 平方米播种量 0.3～0.5 千克。苗期生长缓慢,应
注意中耕除草,一旦建成则竞争力很强,不需再行中耕。种子
可落地自生,因而可使草地经久不衰。除单播外,最适与多年
生黑麦草、鸭茅、草地羊茅等混播。初花期可刈割利用。春播
当年每 667 平方米产青草 1000 千克,以后每年可刈割 3～4

次,每 667 平方米产青草 2 500~4 000 千克,高者达 5 000 千克以上。种子成熟很不一致,当多数种子成熟时即可采收,每 667 平方米可收种子 15~30 千克,高者达 45 千克。

4. 品　种

鄂牧 1 号白三叶是湖北省农科院畜牧兽医研究所用瑞加(Regal)为原始材料,以抗旱耐热为主选性状选育出的新品种,该品种越夏率比原品种提高 15% 以上,产草量比原品种提高 11%,适应于长江中下游及其以北广大暖温带和北亚热带地区栽培,在高温伏旱区其抗旱耐热性优于其他品种。贵州白三叶是贵州省农业厅饲草饲料工作站以采自贵州省毕节地区、安顺地区、贵阳地区的野生白三叶栽培驯化而成的地方品种,属中叶型品种。胡衣阿(Huia)白三叶是 1980 年从新西兰引进的中叶型品种。两品种均适宜我国南方的高海拔山地、长江中下游的低湿丘陵、平原地区栽培。川引拉丁诺白三叶是四川农学院 1978 年从美国引进的大叶型白三叶品种,产草量高,适宜长江中上游丘陵、平坝、山地种植。

5. 营养价值和利用

白三叶的茎叶细软,叶量丰富,营养价值高,无论是放牧,还是刈割都是利用其叶片,因而粗蛋白质含量高,粗纤维含量低,在不同的生育阶段其营养成分和利用价值都比较稳定。干物质消化率为 75%~80%,开花期干物质中含粗蛋白质 24.7%,粗脂肪 2.7%,粗纤维 12.5%,无氮浸出物 47.1%,粗灰分 13%,其中钙 1.72%,磷 0.34%。各种家畜均喜采食,是马、牛、羊、猪、禽、兔、鱼的优质饲草。再生力强,耐践踏,最适于放牧利用,是温带地区多年生混播草地上不可缺少的豆科牧草。在多年生黑麦草与白三叶混播草地上,通常以 2∶1 比例较为理想,这样既可保持单位面积内干物质和蛋白质的最高产量，又可防止牛羊过多采食白三叶引起膨胀病。白三叶放牧草地应实行轮牧，每次放牧后停牧2～3周，以利再生。用白三叶饲喂草食性鱼类，饵料系数为22，即每22千克鲜草可增重1千克草鱼。此外，白三叶还是良好的水土保持和城市及庭院绿化植物。

（二十九）杂 三 叶

1. 分布和适应性

杂三叶，又名瑞典三叶草、杂车轴草。原产瑞典，现广泛分布于欧洲中部、北部。适宜于我国华北、东北湿润地区及南方高海拔雨量多的地区种植。

喜凉爽湿润气候，耐寒性和耐热性均较红三叶强。耐旱性较差，但特别耐湿，在下湿地可正常生长，也耐短时期水淹。稍耐酸性或盐碱性土壤，最适宜的土壤 pH 值6～7。

2. 形态特征

杂三叶为豆科三叶草属多年生草本植物，平均寿命4～5年。形态介于红三叶与白三叶之间。有主根，其侧根多，根系入土浅，多根瘤。茎长30～70厘米，细软，中空，半直立或趋于匍匐。三出复叶，小叶长圆形，叶缘有浅锯齿，叶面无白色"V"字形斑纹。头形总状花序，生于叶腋或茎梢。花小，粉红色或白色。荚果小，内含种子1～3粒。种子椭圆形或心脏形，暗绿色或黑紫色，千粒重0.75克。

3. 栽培技术

播前须精细整地。春秋均可播种，以秋播为宜，但不要过晚。条播行距20～30厘米，播深1～2厘米，每667平方米播种量0.4～0.6千克。最适于与猫尾草、鸭茅、多年生黑麦草及红三叶、白三叶等混播。多在盛花期刈割利用，每年可刈割2

次，每 667 平方米产青草 1500～2000 千克。刈割后再生性差，故产草量集中于第一茬。花序多，结实性好，种子容易采收，一般每 667 平方米产 20～30 千克。

4. 营养价值和利用

草质柔嫩，营养丰富，适口性好，各种家畜均喜采食。开花期鲜草干物质中含粗蛋白质 17%，粗脂肪 2.5%，粗纤维 26.1%，无氮浸出物 44.4%，粗灰分 10%。适于刈割调制干草或放牧利用，也可与禾本科牧草混合青贮。

(三十)绛 三 叶

1. 分布和适应性

绛三叶，又名地中海三叶草、深红三叶草。原产地中海沿岸的撒丁岛、巴利阿里群岛，北非的阿尔及利亚和地中海沿岸的欧洲国家。喜温暖湿润气候，不抗寒，不耐热，也不耐干旱。对土壤要求不严，在粘土、沙土以及微酸、微碱性土壤上均可生长，但要求排水良好。不耐瘠，不耐盐碱。适宜在我国长江中下游地区种植。

2. 形态特征

绛三叶为豆科三叶草属一年生草本植物。根系较浅，主要分布于表层土壤中。茎直立，中空，株高 30～100 厘米，全株密被茸毛。三出复叶，小叶聚生于叶柄顶端，倒卵形，托叶阔，长约 2 厘米，大部连于叶柄，呈叶片状。圆柱形总状花序，由75～125 朵小花组成，花冠绛红色，十分美丽。每荚有种子 1 粒。种子长圆形，黄色，千粒重约 3 克。

3. 栽培技术

播前精细整地，施农家肥及磷、钾肥作底肥，并用三叶草根瘤菌拌种。种子硬实少，发芽快，要求土壤有足够水分。宜秋播或早春播。条播行距 30 厘米,播深 1～2 厘米,也可撒播。每 667 平方米播种量 1～1.5 千克。除单播外,还可与多花黑麦草等混播,或补播于岸杂一号狗牙根中。

在南京 9～10 月份秋播,越冬前株高达 20 厘米,翌年 4 月下旬开花,5 月底种子成熟。株高达 10～15 厘米时即可放牧利用,晒制干草宜在现蕾至初花期刈割,一般每 667 平方米产青草 3000～4000 千克。种子产量高,每 667 平方米可产 50～100 千克,但种子成熟后易脱落,应及时采收。

4. 营养价值和利用

开花期鲜草干物质中含粗蛋白质 17.2%,粗脂肪 3.5%,粗纤维 27%,无氮浸出物 42.5%,粗灰分 9.8%,其中钙 1.4%,磷 0.3%。其茎叶鲜嫩多汁,营养丰富,是优良的饲草,但利用应适时,过迟茎叶及花萼上的茸毛对非反刍家畜胃肠道有害。

(三十一)草莓三叶草

1. 分布和适应性

草莓三叶草原产地中海和远东,在森林草原地带的盐碱地上到处可见,广泛分布于世界温带地区。我国新疆有野生种,华北、东北、新疆等地都有栽培。喜温暖湿润气候,在年降水量 500 毫米以上或有灌溉条件的地区生长良好,它比白三叶更耐潮湿、干燥或含盐量高的碱性土壤。成株即使地表被水淹 3 个月仍能耐受,在 pH 值 5.5 的酸性砂壤至 pH 值 9 的碱性泥炭土上生长繁茂。耐寒力很强,适宜在滨海和盐碱性土壤的湿润地区种植。

2. 形态特征

草莓三叶草为豆科三叶草属多年生草本植物。茎细弱,匍匐,草丛高 20～30 厘米。三出复叶,小叶倒卵形或宽椭圆形,先端微凹,基部楔形,边缘具细齿,叶面及叶背均无毛,小叶近乎无柄。头状花序,具总苞。小花近乎无柄,具小苞片,花萼钟形,有毛,结实时展开,花冠淡红色。荚果矩圆形,褐黄色,有种子 1～2 粒。种子黄色或褐色,千粒重 1.2～1.5 克。

3. 栽培技术

草莓三叶草种子细小,且硬实较多。第一年生长发育缓慢,因此要求播前精细整地,并保持土壤水分,适当施磷肥作底肥,种子用相应的根瘤菌拌种。为提高种子发芽率,播种前种子须摩擦处理。春播、秋播均可,播种量每 667 平方米 0.25～0.5 千克。条播行距 30 厘米,播深 1～2 厘米。生长期间注意中耕除草,茎叶封垄形成稠密草层后,即可抑制杂草生长。可单播,也可与禾本科牧草或其他豆科牧草混播。

4. 营养价值和利用

分枝期茎叶干物质中含粗蛋白质 28.2％,粗脂肪 4.1％,粗纤维 15.9％,无氮浸出物 35.3％,粗灰分 16.5％。茎叶柔嫩,营养丰富,适口性好,各种家畜都喜采食。植株低矮,耐践踏,适于放牧利用,同时也是很好的地被绿化植物。

(三十二)波斯三叶草

1. 分布和适应性

波斯三叶草原产小亚细亚,伊拉克、伊朗、印度、埃及、美国广泛种植。我国南方近几年开始引种,表现良好。喜温暖湿润气候,不耐炎热干旱,也不能忍受冬季太低的温度,适于在冬季温暖湿润的地区秋播或夏季不炎热的地区春播。对土壤要求不严格,最喜粘重酸性土壤,在中性至弱碱性土壤中亦能良好生长。

2. 形态特征

波斯三叶草为豆科三叶草属一年生草本植物,主根短而粗壮,侧根发达,多分布在表土层。茎直立或斜生,中空,光滑,绿色或紫红色,高50~85厘米。三出复叶,小叶倒卵形或椭圆形,先端稍尖或平直,边缘有密而细的尖锯齿,叶脉明显。头状花序,腋生,有小花30~40朵,花冠粉红色或紫红色,香味甚浓,蜜蜂喜群集采蜜,是很好的蜜源植物。荚果球形,有种子1~2粒。种子黄褐色,千粒重0.67克。

3. 栽培技术

播种前要精细整地,每667平方米施农家肥1500~2000千克、过磷酸钙15~20千克作底肥。南方宜在9月下旬至10月上旬播种,北方3~4月份为宜。条播行距30~40厘米,播种深度1~2厘米,播种量每667平方米0.25~0.35千克。株高30~40厘米时即可收割利用,刈割后及时浇水、施肥,以利再生。种子易落粒,要及时采收。在广西南宁秋播,第二年4~5月份开花,6月份种子成熟。株高100~130厘米,每年可刈割3次,每667平方米产鲜草5000千克。

4. 营养价值和利用

盛花期鲜草干物质中含粗蛋白质15.2%,粗脂肪2.1%,粗纤维23.2%,无氮浸出物47.5%,粗灰分12%,其中钙1.83%,磷0.14%。茎叶柔嫩多汁,叶量大,营养丰富,各个时期适口性都好,各种家畜均喜食,可用于青饲或调制干草。

(三十三)地下三叶草

1. 分布和适应性

地下三叶草原产西欧和南欧。现广泛分布于地中海沿岸及北非、澳大利亚。我国的湖南、青海、新疆等地已引种栽培。

喜温暖湿润气候,不耐炎热,适于在年降水量 700 毫米地区生长。晚秋播种的地下三叶草,秋冬生长,第二年春开花结实,到高温干旱的夏季,植株死亡,刺状果球钻入地下越夏,秋季雨后萌发。在夏季凉爽雨量充沛的地区,也可春播。对土壤要求不严格,喜弱酸性轻质壤土,也耐酸性贫瘠土壤。在磷肥、钾肥及钼、锌、钴等微量元素充足的土壤中产量高,品质好。

2. 形态特征

地下三叶草为豆科三叶草属一年生草本植物。直根,根系较浅,须根发达。茎细长匍匐,长 60～130 厘米,全株具茸毛。三出复叶,具长叶柄,小叶呈心脏形,无柄,有的品种小叶正面有白色或棕色斑纹。花序腋生,花梗长 20～30 厘米,顶端下垂,上面着生 4～6 朵白色小花,花序顶端有 20～30 个锚状钩爪,每个钩爪有 4～6 个分枝,受精后钩爪下弯,反卷,把荚果围成一个刺球钻入土中。荚果内含种子 1～2 粒。种子较大,黑色或紫黑色,肾形或椭圆形,千粒重 7.1 克。见图 16。

3. 栽培技术

地下三叶草对磷、钾肥反应敏感,因此在土壤缺磷、钾的地区,应结合整地施入磷钾肥作底肥,并于播种前用适宜地下三叶草的根瘤菌剂拌种。南方宜秋播,北方可在 4～5 月份春播。条播行距 30 厘米,播深 3～4 厘米,每 667 平方米播种量 4～6 千克。除单播外,还可与禾本科牧草或其他豆科牧草混播,以提高产草量。种子大,出苗容易,但苗期生长缓慢,要注意中耕除草,刈割或放牧后,要及时浇水、施肥。每年可刈割 2～3 次,每 667 平方米产鲜草 3000～4000 千克。因种子埋藏土中,收获困难,需用人工翻搂打晒。澳大利亚采用气动真空机收获,每 667 平方米可收种子 30～50 千克。

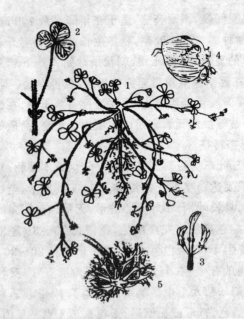

图 16　地下三叶草

1. 植株　2. 叶　3. 花　4. 荚果　5. 刺状果球

4. 营养价值和利用

　　初花期鲜草干物质中含粗蛋白质22.2%,粗脂肪3.4%,粗纤维20.3%,无氮浸出物39.3%,粗灰分14.8%。茎叶柔嫩,营养丰富,适口性好,各种家畜均喜采食。可青饲、调制干草或放牧利用。地下三叶草含有雌性激素,长期在地下三叶草为主的放牧场放牧,母羊易发生不孕、难产,甚至死亡。

(三十四)埃及三叶草

1. 分布和适应性

　　埃及三叶草,又名亚历山大三叶草。原产埃及的尼罗河流域,广泛分布于北非、欧洲、原苏联。我国南方及台湾省也有栽培。喜温暖湿润气候,发芽最适温度为 15℃~20℃,幼苗在 1.7℃会受冻害。北京 4 月份播种,6 月份开花,7 月份种子成熟。在台湾 10 月份播种,翌年 2 月份种子成熟。因受气温所限,生长期短,故产草量不高,但种子成熟好。埃及三叶草比其他三叶草抗干旱、耐盐碱,在我国南方滨海盐碱地上生长良好。

2. 形态特征

埃及三叶草为豆科三叶草属一年生草本植物,直根系,主根发达,侧根较多,根系主要分布在 20 厘米以内土层中。茎圆形直立,高 30~70 厘米。全株具白色柔毛。基部叶腋分枝,分枝力较强。三出复叶,小叶长椭圆形,叶柄长,背面密生白色茸毛。头状花序,腋生,花白色或淡黄色。种子卵形,黄色或黄褐色,千粒重 2.3 克。

3. 栽培技术

播种前要求精细整地,并保持适宜的土壤水分,每 667 平方米施农家肥 2 000~3 000 千克,过磷酸钙 20~30 千克。南方宜秋播,播种期为 9~11 月份,北方宜在 4~5 月份春播。可条播或撒播。条播行距 30 厘米,播深 2 厘米,每 667 平方米播种量为 0.75~1 千克,撒播适当增加播种量。苗期生长缓慢,要注意中耕除草,并及时浇水。株高 40~50 厘米时即可刈割利用,留茬高度以 3 厘米为宜。在我国南方,刈割 2~3 次以后,仍可收种。一般每 667 平方米产青草 500~1 000 千克,收种子 25~35 千克。

4. 营养价值和利用

茎叶柔嫩,含有丰富的粗蛋白质和矿物质,适口性好,各种家畜都喜采食。分枝期茎叶干物质中含粗蛋白质 19.3%,

粗脂肪 3.6%,粗纤维 22.8%,无氮浸出物 37.9%,粗灰分 16.4%。可青饲或调制干草。青饲宜在现蕾期刈割,调制干草宜在初花期刈割。

(三十五)野生大豆

1. 分布和适应性

野生大豆,又名落豆秧、乌豆。起源于我国,资源十分丰富,北起黑龙江,南至长江流域都有分布。野生大豆多生于田边、地埂、河滩及沟谷底部低洼、潮湿处或池塘水边,常与芦苇、蒲草等杂草混生。为短日照作物,喜温湿,对光周期反应敏感,若向北推移会延长生育期,若向南推移可缩短生育期。

2. 形态特征

野生大豆为豆科大豆属一年生草本植物。直根系,主根明显,根系主要分布于地表 15 厘米土层中,着生大量根瘤。茎蔓生,细长柔软,长达 3～6 米,主枝及分枝都具有蔓生或攀援生长习性,常缠绕在其他作物上。三出复叶,叶片较小,长卵形或披针形或线形。茎叶密生白色或黄色茸毛。总状花序,腋生,多为单簇花,有小花 3～20 朵,花小,多为紫色,典型的无限结荚类型。荚果较小,灰褐色,每荚有种子 2～3 粒,成熟时易开裂。种子较小,黑褐色,长扁圆形或肾形,千粒重约 14 克。

3. 栽培技术

种皮具有较厚的蜡质,不易吸水,硬实率高达 80%～90%,故播前须处理种子。可用浓硫酸拌种 15～20 分钟,再用清水冲洗干净,然后播种。春播,条播行距 40～50 厘米,每 667 平方米播种量 1.5～2.5 千克。野生大豆单播产量低,适宜与高秆作物如高粱、玉米、苏丹草、珍珠粟等间作或混播,从而提高产草量和种子产量。

4. 营养价值和利用

开花期鲜草干物质中含粗蛋白质 16%，粗脂肪 1.2%，粗纤维 27.6%，无氮浸出物 45.2%，粗灰分 10%，其中钙 1.92%，磷 0.25%。茎叶柔软，适口性良好，整个生育期营养价值都较高，各种家畜均喜食。青饲或调制干草宜在开花到结荚期收获。

（三十六）山黧豆

1. 分布和适应性

山黧豆，又名马齿豆、牙齿豆、草香豌豆。原产北半球的温带地区，主要生长在亚洲西南部、欧洲南部。西欧许多国家以及阿尔及利亚、埃及都有分布，原苏联干旱地区分布较多。我国吉林省延边也有野生。近年来甘肃中部干旱地区、陕西北部、山西等地引种试种，表现良好。喜凉爽气候，抗寒性较强，种子在 2℃～3℃ 时即可发芽，幼苗能耐 -6℃～-8℃ 的霜冻，故适于早播。若播种过迟，后期遇高温则生长不良。对土壤要求不严，沙地、下湿地都能生长，但最适在排水良好、湿润肥沃的土地上种植。

2. 形态特征

山黧豆为豆科山黧豆属一年生草本植物。根系发育中等，主根长，侧根较多，茎自基部分枝。丛生，半直立或匍匐，草丛高 50～90 厘米。茎扁平、光滑，呈四棱，其中两棱延伸成翼状。偶数羽状复叶，互生，有小叶 1～4 对，小叶披针形或线形，两端尖锐或稍钝，中轴顶端具 1～3 个卷须。总状花序，花色依品种不同而有白、蓝、浅蓝、红、紫红及杂色等。荚果宽扁，黄白色，每荚有种子 1～5 粒。种子楔形或齿形，有白色、褐色、黑麻色等，千粒重约 150 克。见图 17。

图 17　山黧豆

1. 植株　2,3,4. 花及其各部分　5. 荚果

3. 栽培技术

播前应结合整地施农家肥和磷肥作底肥。宜春播,可条
播、撒播或穴播。条播行距 30～40 厘米,播深 3～4 厘米,播种
量每 667 平方米 4～5 千克,收种田每 667 平方米 3～4 千克。
播后镇压,以利出苗。苗期生长缓慢,注意中耕除草,并视土壤
墒情及时浇水。生产中多与燕麦、大麦、苏丹草等禾本科牧草
混播。每 667 平方米产青草 1000～2000 千克。采种田每 667
平方米产种子 100～150 千克。

4. 营养价值和利用

开花期鲜草干物质中含粗蛋白质 25.1%、粗脂肪 3%,粗纤维 25.7%,无氮浸出物 36.2%,粗灰分 10%,其中钙 1.44%,磷 0.22%。茎叶鲜嫩多汁,叶量大,含粗纤维少,蛋白质及矿物质含量丰富,适口性好,各种家畜均喜食。可作青饲料、调制干草或放牧利用。籽实是牲畜的精饲料,但籽实中含 0.5%~0.8%β-草酰氨基丙氨酸的水溶性有毒物质,不经处理饲喂家畜会引起中毒,故饲喂前应将籽实用水浸泡或煮熟,并勤换水,去毒效果良好。

(三十七)大 翼 豆

1. 分布和适应性

大翼豆,又名紫花豆。原产于中美洲和南美洲。澳大利亚等热带和亚热带地区广泛栽培。我国 1974 年从澳大利亚引进。主要分布于海南省及广东、广西和福建等省区的南部。喜潮湿、温暖的热带气候,最适生长温度为 25℃~30℃,温度降低到 10℃~15℃时生长速度下降。在年降水量 635~1 780 毫米的热带和南亚热带地区生长良好。较耐旱,耐酸性强,对土壤要求不严,但以肥沃土壤有利生长。不耐寒,茎叶受霜冻后凋萎,但翌年春季仍可从茎基部长出新枝,正常生长,气温降至 -9℃时,仍有 65%~83% 的植株存活。耐践踏,适宜与禾本科牧草混播放牧利用。

2. 形态特征

大翼豆为豆科大翼豆属多年生草本植物。根系发达,入土深。茎匍匐蔓生,缠绕其他植物生长,长达 3~4 米。三出复叶,小叶卵圆形或菱形,两侧小叶有浅裂,长约 4.4 厘米,宽约 3.8 厘米。叶面绿色有疏毛,背面有银灰色细茸毛。花深紫色,二枚翼瓣特大,故名大翼豆。荚果长圆筒形,长约 8 厘米,每荚有种子 12～13 粒,成熟时易爆裂。种子千粒重约 13 克。见图 18。

3. 栽培技术

播前耕翻整地,消灭杂草,每 667 平方米施农家肥 1000～1500 千克、过磷酸钙 15 千克作基肥。由于硬实率高达 40%～70%,须用机械摩擦划伤种皮,以提高发芽率。多春播或夏播,3～7 月份都可播种,但早播有利于生长。条播行距 40～50 厘米,播深 1～2 厘米,每 667 平方米播种量 0.3～0.5 千克。也可撒播或飞机播种。在建立人工草地时,大翼豆通常与非洲狗尾草、盖氏虎尾草、

图 18 大翼豆

纤毛蒺藜草、青绿黍、柱花草等 2 种或 2 种以上禾本科和豆科牧草混播,可作放牧草场利用。在广西南宁单播的大翼豆每年可刈割 2～3 次,留茬高 30 厘米以利再生。每 667 平方米产鲜草 3000～4000 千克。大翼豆开花期长,3～12 月份都可开花,6～12 月份种子陆续成熟,宜人工分批采收。每 667 平方米产种子 13～66 千克。采种田可搭架种植,以提高种子产量。

4. 营养价值和利用

大翼豆营养价值高,粗蛋白质含量丰富,其茎叶干物质中

含粗蛋白质 22.2%，粗脂肪 2.4%，粗纤维 25.4%，无氮浸出物 36.7%，粗灰分 13.3%。可以刈割青饲，亦可晒制干草，加工草粉。刈割适期为初花至盛花期。用大翼豆与禾本科牧草混播的草地放牧利用时不宜重牧。当大翼豆被采食 50%时，即须休牧，以促进大翼豆旺盛生长，提高产量，防止草地退化。

（三十八）大 绿 豆

1. 分布和适应性

大绿豆，又名印尼绿豆、四季绿豆。绿豆原产中国，品种多、分布广泛。现在我国种植的大绿豆则是 20 世纪 50 年代从印度尼西亚引入，近 10 余年来，在我国长江以南地区作为一年生短期利用牧草种植，表现良好。喜温暖湿润气候，耐高温，当气温达 30℃～36℃时生长旺盛，最适宜生长温度为 25℃～30℃，日平均温度达 15℃～20℃时有利于发芽出苗。对土壤适应性广，在酸性红壤和粘壤土上都能生长，但是最适宜于壤土和石灰性冲积土。较耐干旱，不耐涝。在荫蔽潮湿条件下生长不良，地面积水 2～3 天即会引起死亡。再生能力强，一年可刈割多次。为短日照作物，从南方引种到北京春播，延迟到晚秋才开花，但不到结荚即因霜冻死亡。

2. 形态特征

大绿豆为豆科菜豆属一年生草本植物。茎粗、叶大、分枝多，枝叶繁茂，株高 100～120 厘米。根系强大，主要分布在耕作层内。三出复叶，小叶呈心脏形，长 12～14 厘米，宽 10～11 厘米，叶柄长 12 厘米，叶片背面有稀疏茸毛。总状花序，腋生，花冠黄色。荚果细长圆筒形，长 7～11 厘米，成熟时黑褐色，每荚有种子 5～14 粒。种子比普通绿豆大，墨绿色，千粒重 50～55 克。

3. 栽培技术

播前深翻土地,每 667 平方米施腐熟厩肥 2 000 千克作底肥。播种期为 3～4 月份。可条播或点播,行距 40 厘米,播深 2～3 厘米。播种量每 667 平方米 3～4 千克。种子硬实率较高,播前摩擦种皮,可提高发芽率。苗期中耕除草,并疏去过密的幼苗,以株距 10～15 厘米为宜。株高达 50～60 厘米或在现蕾期前刈割,留茬高 25 厘米。可刈割 2～3 次,每 667 平方米产鲜草 2 500～4 000 千克。留种田每 667 平方米产种子约 75 千克。

4. 营养价值和利用

茎叶干物质中含粗蛋白质 24.7%,粗脂肪 3.6%,粗纤维 26.6%,无氮浸出物 31.4%,粗灰分 13.7%。营养丰富,适口性好,各种家畜均喜食,适宜作牛、羊、猪、家禽青饲料,主要用于刈割鲜喂,也可调制干草粉用于猪、禽配合饲料。籽实可作精料。

(三十九)圭亚那柱花草

1. 分布和适应性

圭亚那柱花草,又名巴西苜蓿、热带苜蓿、笔花豆。原产于南美洲,主要在巴西的北部。1962 年引入我国,主要分布在海南省和广东、广西、云南、福建等省区的南部。喜高温、多雨、潮湿气候,适宜在北纬 23°以南,年降水量 1 000 毫米以上的地区栽培。气温 15℃以上可持续生长,在广西南宁,当 6～10 月份月均温 28.1℃～33.8℃时生长最旺盛。0℃时叶片脱落,-2.5℃时受冻枯死。耐旱,也耐短时间水淹。耐贫瘠,耐低磷和高铝的酸性红壤,从砂质土到粘土都可生长,但以肥沃的壤土生长最好。

2. 形态特征

圭亚那柱花草为豆科柱花草属多年生草本植物。主根发达,深达2米。茎多分枝,被茸毛,高1~1.5米。三出复叶,小叶披针形,被短茸毛,中间小叶稍大,长1.5~5.5厘米、宽7~13毫米。复穗状花序,成小簇地着生于茎上部叶腋中。花小,蝶形,黄至深黄色。荚果小,具有很大的喙,棕黄至暗褐色,每荚有种子1粒。种子椭圆形,淡黄到黄棕色,千粒重2.5克。见图19。

3. 栽培技术

适时耕翻,耕翻前每667平方米施厩肥1500千克、过磷酸钙20千克作基肥。播前用始温55℃温水浸种25分钟或始温80℃温水浸种2分钟,以提高发芽率。春季气温达15℃时播种。条播行距60厘米,播深1~2厘米。每667平方米播种量0.1~0.2千克,适宜与大黍、盖氏虎尾草、非洲狗尾草和俯仰臂形草等禾本科牧草混播,建立良好的混播放牧草地。草层高达60~80厘米时即可刈割利用。留茬不低于30厘米,以利再生。年可刈割2~3次,每667平方米产鲜草2000~3000千克。采种田每667平方米产种子20~50千克。

图19 圭亚那柱花草

4. 品 种

我国生产上所用圭亚那柱花草主要从澳大利亚引进,品种有库克、奥克雷、恩迪弗。1981年引入抗炭疽病较强的品种圭亚那逐步代替原有品种。1984年海南中国热带农业科学院热带牧草研究中心从国际热带农业中心引入184柱花草,抗病性强,丰产性好,1991年全国牧草品种审定委员会通过审定登记,命名为热研2号柱花草。之后又从热研2号柱花草中选出花期提早25~30天,耐寒,种子产量提高30%以上,并保持亲本原有抗病性和鲜草产量与营养价值的新品种,1999年通过审定登记,命名为热研5号柱花草。广西壮族自治区畜牧研究所从184柱花草群体中筛选出较抗病的单株,经^{60}Co-γ射线处理种子育成抗炭疽病的新品种,1998年经全国牧草品种审定委员会通过审定登记,命名为907柱花草。

5. 营养价值和利用

开花期茎叶干物质中含粗蛋白质15.3%,粗脂肪1.4%,粗纤维31.9%,无氮浸出物43%,粗灰分8.4%。生长前期的圭亚那柱花草,具有粗糙的茸毛,适口性较差,喂前使稍萎蔫,可提高适口性,后期适口性提高,牲畜可全株采食。调制成干草粉,可用于制作配合饲料。广东省在猪的饲料中加进圭亚那柱花草粉10%~20%,鸡的饲料中加进5%,可以减少精料用量,而猪、鸡的生长速度,日增重仍可得到满意的效果。

(四十)有钩柱花草

1. 分布和适应性

有钩柱花草,又名加勒比柱花草。原产西印度群岛及加勒比海沿岸地区。1965年澳大利亚从委内瑞拉西北部采集。经鉴定评价和多点试验,选出栽培品种维拉诺。我国于1981年引进,现已推广至广东、海南、广西、福建等省区。喜高温多雨的气候,在年降水量 800 毫米以上的地区生长良好,生长最适温度为 25℃～35℃。不耐霜冻,气温降至 0℃以下,连续 2～5 天即死亡。耐旱,在夏秋季持续高温干旱条件下,仍能生存。耐酸性和瘠薄土壤,对低磷和高铝有较强的耐受能力。在荒坡、沙土、红壤和黄壤上都生长良好。抗病虫害能力亦较强。

2. 形态特征

有钩柱花草为豆科柱花草属草本植物。在海南等热带为短期多年生,在广东、广西、福建等南亚热带地区为一年生。主根发达。茎细而柔软,光滑,一侧有一行细而短的白毛,草层高约 80 厘米。三出复叶,叶片尖小,中间小叶有叶柄。穗状花序,花小,黄色。每荚结籽 2 粒,上粒籽有 3～5 毫米长的退化钩,下粒籽无钩。种子肾形,褐色,成熟即脱落地面。千粒重 2.8 克。

3. 栽培技术

耕翻整地,施农家肥和磷肥作底肥。春播,可条播或撒播。条播行距约 30 厘米,播深 1 厘米,覆土宜浅,每 667 平方米播种量 0.15～0.25 千克。播前摩擦种皮,以提高发芽率。接种根瘤菌剂以增强固氮能力。维拉诺有钩柱花草,兼有一年生与多年生牧草的许多优点。幼苗如同一年生牧草一样生长快,种子产量高,易落粒,可自行萌发更新死去的老植株。又具有多年生牧草的特点,开花期仍能不断长出大量叶子,秋季干旱仍能生长保持青绿。年可刈割 2～3 次,每 667 平方米产鲜草 2500～4000 千克。留茬高 25 厘米,以利再生。

4. 营养价值和利用

开花期茎叶干物质中含粗蛋白质 13.4%,粗脂肪 2.6%,粗纤维 36.2%,无氮浸出物 42.2%,粗灰分 5.6%,其中钙

1.8%，磷 0.3%。可用作青饲和调制干草，干草粉可用于猪、禽的配合饲料。耐重牧，在重牧情况下贴近地面的植株仍能产出大量种子，在放牧情况下落地种子可自行更新。

（四十一）灌木状柱花草

1. 分布和适应性

灌木状柱花草，又名西卡柱花草、粗糙柱花草。原产南美洲巴西东北部。澳大利亚于 1965 年采集到种子，经鉴定评价和多点试验，选出栽培品种西卡。我国于 1981 年引进，现已在广东、海南、广西、福建等省区种植。适宜雨季和旱季分明的热带气候，在干旱的秋季仍能继续长叶，可在干旱季节提供放牧用的饲草。能在各种土壤上成功地种植，但最适应贫瘠、酸性沙土，并能耐交换性铝含量高的土壤。抗炭疽病的能力强，栽培品种西卡对炭疽病免疫。其抗寒、抗旱、耐贫瘠和抗炭疽病等特性，均优于其他柱花草属牧草。

2. 形态特征

灌木状柱花草为豆科柱花草属多年生半灌木。主根发达，入土深 1.5 米。茎直立，在未进行放牧的自然生长状态下株高达 2 米，嫩茎红色。三出复叶，小叶小，蓝绿色，椭圆形，被茸毛。短穗状花序，花小，淡黄色，荚果有两节，上节种荚上有一短弯钩，下节种荚无钩。种子心形，棕黑色，千粒重 2.4 克。

3. 栽培技术

播前清除地面灌木和杂草，耕翻整地。种子硬实率高达 90%，可用始温 80℃ 热水浸种 4 分钟，或机械磨伤种皮，以提高发芽率。然后用适宜豇豆属或其他柱花草用的根瘤菌剂拌种，以增强固氮能力，播种量每 667 平方米 0.15～0.25 千克。播种期在春季 3～4 月份。条播行距 30 厘米，播深不超过 1 厘米,覆土宜浅。亦可撒播。苗期生长缓慢,注意中耕除草。最适宜与圭亚那柱花草、纤毛蒺藜草、盖氏虎尾草等混播,建立人工草地,供放牧利用。草丛高达 80～90 厘米时即可刈割利用,留茬高 30～40 厘米,年可刈割 2～3 次,每 667 平方米产鲜草 1500～2500 千克。

4. 营养价值和利用

孕蕾期茎叶干物质中含粗蛋白质 13.7%,粗脂肪 4.1%,粗纤维 37%,无氮浸出物 36.1%,粗灰分 9.1%,其中钙 1.1%,磷 0.28%。茎木质化,利用率低。嫩枝叶和花,牲畜喜采食,尤其在干旱季节,其他饲草不足时仍可放牧利用其绿色枝叶。

(四十二)距 瓣 豆

1. 分布和适应性

距瓣豆,又名蝴蝶豆、尖叶藤。原产热带南美洲,澳大利亚、印度尼西亚、马来西亚和印度等国均有分布。我国海南、广东和广西等省(自治区)均有栽培。喜高温多雨的热带气候,在 13℃ 以下生长停止,不耐霜冻,遇轻霜则地上部茎叶枯萎。适宜肥沃而湿润的砂质土壤,在年降水量 1000 毫米以上的地区生长良好。抗旱性较好,也能耐短期涝渍,不耐贫瘠。耐酸性强,土壤 pH 值 4.9～5.5 最为适宜。耐阴性强,在荫蔽度达 70% 时仍能生长。

2. 形态特征

距瓣豆为豆科距瓣豆属多年生草本植物。根系发达,茎长 1～4 米,缠绕生长。三出复叶,小叶卵圆形,长 4～5 厘米,宽 3～3.5 厘米,疏被茸毛。总状花序,腋生,有花 3～5 朵,花大,淡蓝色。荚果扁平,长 12 厘米,宽 0.4 厘米,每荚有种子 10～

20 粒。种子扁平,短圆形,棕绿色,千粒重 23 克。见图 20。

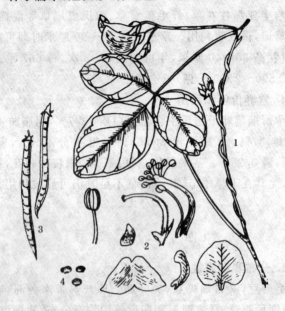

图 20 距瓣豆
1. 茎、叶和花 2. 花的各部分 3. 荚果 4. 种子

3. 栽培技术

耕翻整地,每 667 平方米施农家肥 1 000 千克、磷肥 20 千克作底肥。播前用始温为 75℃ 的热水浸种 6 小时,或用浓硫酸拌种 15 分钟后用水洗净,再用清水浸 12 小时,稍晾干,用根瘤菌剂拌种,即可播种。播种期在 3～4 月份,穴播,穴距为 50 厘米×50 厘米或 100 厘米×50 厘米,每穴播种子 5～6 粒,播深 3～4 厘米,每 667 平方米需种子 0.5 千克。也可插条繁殖,选粗壮枝条,长 30 厘米,3～4 节为一段,先在苗圃扦插育苗,待长根抽芽后即可移栽大田。可与大黍、非洲狗尾草等禾本科草混播,作为放牧场利用。建植第二年可刈割 2 次,每

667 平方米产鲜草 1000～1500 千克。

4. 营养价值和利用

茎叶干物质中含粗蛋白质 22.2%,粗脂肪 2.5%,粗纤维 30.8%,无氮浸出物 35%,粗灰分 9.5%。茎叶无毛,质地柔软,各种家畜均喜采食。可以青饲、调制干草或放牧利用。刈割时留茬高 30 厘米以上,以利再生。管理得当,1 次种植可利用 10 年以上。

(四十三)大 结 豆

1. 分布和适应性

大结豆,又名阿切尔大结豆、阿切尔扁豆。原产热带非洲的肯尼亚。分布于热带地区,澳大利亚新南威尔士州北部栽培较多。我国 1974 年从澳大利亚引入,在广西、广东、海南等省区栽培,表现良好。喜温暖湿润气候,适宜年降水量 1000 毫米以上、没有霜冻的热带或亚热带地区生长。连续 2～3 天有霜冻时地上部即枯死。耐旱,旱季也生长良好。对土壤要求不严,但以土质肥沃,排水良好的壤土和砂壤土为最好。不耐水渍,易引起烂根死亡。与杂草竞争力强,病虫害少。再生力强,放牧后能迅速恢复草层。

2. 形态特征

大结豆为豆科扁豆属多年生草本植物。主根明显,侧根发达,茎匍匐蔓生,缠绕生长。三出复叶,小叶卵圆形,长 3～5 厘米,宽 3 厘米。总状花序,从叶腋长出,花小,白色,长 1.2～1.5 厘米。荚果长 3～5 厘米,每荚有种子 2～5 粒。种子卵圆形,褐色,千粒重 8.5 克。

3. 栽培技术

耕翻整地,每 667 平方米施厩肥 1000～1500 千克、磷肥

15～20千克作基肥。宜春播,条播行距40～50厘米,播深1～2厘米,每667平方米播种量0.25～0.3千克。最适与大翼豆、圭亚那柱花草、非洲狗尾草、青绿黍等几种豆科与禾本科牧草混播,建立人工草地供放牧利用。单播的大结豆,年可刈割2～3次。每667平方米产鲜草1000～1500千克。留茬高30～40厘米,以利再生。

4. 营养价值和利用

茎叶干物质中含粗蛋白质15.4%,粗脂肪2.8%,粗纤维25.3%,无氮浸出物48.8%,粗灰分7.7%。茎叶粗糙,适口性较差,家畜经习惯后采食,不会引起臌胀病,最适宜放牧利用。也可以刈割青饲或调制干草。

(四十四)葛　藤

1. 分布和适应性

葛藤,又名野葛、葛根。原产中国、朝鲜、日本。我国华南、华东、华中、西南、华北、东北等地区广泛分布,而以东南和西南各地最多。喜温暖湿润的气候,喜阳光充足。常生长在草坡灌丛、疏林地及林缘等处,攀附于灌木或树上的生长最为茂盛。对土壤适应性广,除排水不良的粘土外,山坡、荒谷、砾石地、石缝都可生长,而以湿润和排水通畅的土壤为宜。耐酸性强,土壤pH值4.5左右时仍能生长。耐旱,年降水量500毫米以上的地区可以生长。耐寒,在寒冷地区,越冬时地上部冻死,但地下部仍可越冬,第二年春季再生。

2. 形态特征

葛藤为豆科葛属多年生草质藤本植物,具有强大根系,并有膨大块根,富含淀粉。茎粗壮,蔓生,长5～10米,常匍匐地面或缠绕其他植物之上。三出复叶,小叶长6～20厘米,宽

7～20厘米。总状花序,腋生,花大,紫红色,荚果带状,扁平,长5～12厘米,宽0.6～1厘米。茎叶和荚果密生茸毛。种子扁卵圆形,红褐色。千粒重13～18克。见图21。

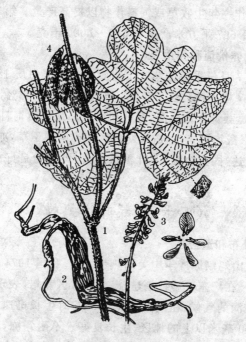

图21 葛 藤

1. 茎枝一段 2. 块根 3. 花及其各部分 4. 荚果

3. 栽培技术

播前全面耕翻整地或挖穴,施入农家肥和磷肥作基肥。春季3～5月间播种,行距1.5米或穴距1.5米×1米,播深3～4厘米,每667平方米播种量0.5千克。种子硬实率高达40%～50%,播前用沙擦伤种皮,可提高发芽率。实生苗生长缓慢,为了便于管理,可以提早在苗床育苗,待长出4～6片真叶后移植大田。也可用茎枝进行无性繁殖。剪取强壮枝条,每段长 30 厘米,有 3～4 节,在苗床扦插后保持湿润,待长出新根,抽出新叶,雨季移栽,较容易成活。由于行距较大,种植第一年可间作一年生牧草或饲料作物以提高产量。第二年可刈割 2 次,每 667 平方米产鲜草 600～1000 千克。

4. 营养价值和利用

夏季 7 月份采集的茎叶干物质中含粗蛋白质 18.7%,粗脂肪 6%,粗纤维 31.3%,无氮浸出物 33.6%,粗灰分 10.4%。葛藤饲用价值高,茎叶和块根都是优良饲料。适口性好,各种家畜均可采食,适宜刈割青饲或调制干草,亦可放牧。其根系发达,固土力强,茎叶覆盖度大,可作为良好的水土保持植物。

(四十五)绿叶山蚂蟥

1. 分布和适应性

绿叶山蚂蟥原产于中美洲热带地区。我国 1974 年从澳大利亚引入。在广东、广西、福建、海南等省区栽培,表现良好。喜温暖而湿润的气候,在气温 25℃～35℃时生长迅速。在年降水量 1000 毫米以上的地区,生长良好。不耐霜冻,气温低于 7℃时生长停滞。但耐寒性较大翼豆强,更适宜在广东、福建、广西三省(自治区)北部冬季气温较低的低山丘陵区种植。耐荫蔽,耐牧,耐酸性土壤。在短暂的洪水和水渍下可以生存。固氮能力强,适宜与热带禾本科牧草混播。

2. 形态特征

绿叶山蚂蟥为豆科山蚂蟥属多年生草本植物。主根深。茎粗壮、直立、多分枝、具茸毛,茎长达 1.5 米,茎节着地生根,可扦插繁殖。三出复叶,小叶长 7.5～12.5 厘米,宽 5～7.5 厘米,叶面有淡红褐色到紫色斑点,有茸毛。总状花序,顶生或从叶腋中生出,花淡紫色到粉红色。荚果易粘连家畜和人的衣服,有利于种子传播,每荚有种子 8~12 粒。种子肾形,千粒重 1.2~1.5 克。

3. 栽培技术

精细整地,每 667 平方米施用农家肥 1 000 千克、磷肥 10~15 千克作基肥。3~5 月份播种。条播行距为 30~40 厘米。播深 1~2 厘米。每 667 平方米播种量 0.15~0.25 千克。种子硬实率高,播前用始温 80℃热水浸种 2 分钟以提高发芽率,新种植地,宜用根瘤菌剂拌种,以提高固氮能力。苗期注意清除杂草。雨季用茎秆扦插,容易成活。可与大黍、毛花雀稗、非洲狗尾草、大翼豆等禾本科和豆科牧草混播,建立人工草地供放牧利用。年可刈割 2~3 次,每 667 平方米产鲜草 2 000~2 500 千克。

4. 营养价值和利用

茎叶营养丰富,干物质中含粗蛋白质 15.8%,粗脂肪 1.9%,粗纤维 34.2%,无氮浸出物 38.7%,粗灰分 9.4%。可刈割青饲,晒制干草或青贮。适口性好,各种家畜均喜食。混播草地,可放牧牛羊,但不能重牧,以免草地退化。优质的干草粉富含粗蛋白质、核黄素和胡萝卜素,可用作鸡的配合饲料。

(四十六)银叶山蚂蟥

1. 分布和适应性

银叶山蚂蟥,又名钩状山蚂蟥。原产于南美洲巴西、委内瑞拉和阿根廷北部。现广泛分布于热带和亚热带草地。我国于 20 世纪 70 年代从澳大利亚引进。广西、广东和福建都有栽培,并用于建植人工草地。适于昼夜气温 30℃/25℃,年降水量 900 毫米以上地区生长。适宜于 pH 值 5.5～7 的沙土、粘壤土等多种类型土壤。耐旱性较差,对洪涝和排水不良有相当的耐受性。能耐轻霜,遇重霜则地上部茎叶冻死,但根部仍能存活,第二年春季仍可萌发。在广西南宁 2 月份返青。到 10 月下旬开花,12 月中旬种子成熟,比绿叶山蚂蟥提早 1 个月。

2. 形态特征

银叶山蚂蟥为豆科山蚂蟥属多年生草本植物。茎粗壮,匍匐蔓生,长 1.5 米,密生钩状短毛。三出复叶,小叶卵圆形,深绿色,长 3～6 厘米,宽 1.5～3 厘米,沿着小叶的中脉有宽而不规则的银白色斑纹。花淡紫红色。荚果密生钩状茸毛,成熟时荚果易横向破裂,易粘附在家畜及人的衣服上,利于种子的传播。每荚可断裂为 4～8 节,每节有种子 1 粒。种子千粒重 4.7 克。见图 22。

3. 栽培技术

翻耕整地,每 667 平方米施厩肥 1000 千克、磷肥 15 千克作基肥。春播,可条播或撒播。每 667 平方米播种量 0.25～0.5 千克。播深 1 厘米。播前擦伤种皮以打破硬实,提高出苗率。用根瘤菌剂拌种以增强固氮能力。年可刈割 2～3 次,留茬高 20～30 厘米,以利再生。每 667 平方米产鲜草 1500～2000 千克。可与大黍、毛花雀稗、盖氏虎尾草等混播建立人工放牧草地。

4. 营养价值和利用

茎叶干物质中含粗蛋白质 12.7%,粗脂肪 2%,粗纤维 43.3%,无氮浸出物 38.4%,粗灰分 3.6%。茎叶密被短毛,适口性较差,家畜要逐渐习惯采食。可青饲和调制干草。耐家畜践踏,再生力较强,适宜放牧,管理良好可保持 5～8 年。

图 22　银叶山蚂蟥

(四十七)银 合 欢

1. 分布和适应性

银合欢原产于中美洲墨西哥、危地马拉等地。广泛分布于菲律宾、夏威夷、印度尼西亚和澳大利亚。中国已有 60～70 年的栽培历史。主要分布于海南、广东中部和南部、广西南部和福建南部沿海一带。广西北海市的涠洲岛有大面积天然分布。银合欢喜温暖湿润的气候,适宜在海拔 500 米以下、年降水量 600 毫米以上、最冷月份平均气温不低于 10℃ 的地区种植。最适宜的土壤是土层深厚、肥力中等、排水良好、富含石灰质的微酸至微碱性的砂壤土。最适生长温度是 25℃～30℃。干旱、贫瘠则生长不良。

2. 形态特征

银合欢为豆科银合欢属多年生木本植物。植株高大,多分枝,株高 3～5 米。树皮灰白色。叶为偶数二回羽状复叶。头状花序,白色,每花序有花百余朵,密集生长成球状。荚果长而扁平,内含种子 15～25 粒。种子扁平,坚实光滑,褐色,千粒重 36 克。

3. 品 种

银合欢品种类型较多,主要分为三种类型。

(1)夏威夷型　植株矮小,长势较差。嫩枝叶干物质中含羞草素含量平均为 3.79%。我国早年引进的都是这一类型。

(2)秘鲁型　植株高大,长势强。嫩枝叶干物质中含羞草素含量平均为 2.77%。

(3)萨尔瓦多型　我国引进后称之为新银合欢。茎叶和种子产量均高。嫩枝叶干物质中含羞草素含量平均为 1.87%。华南热带作物科学研究院从国外引人的 30 多个银合欢品系材料中,经多年田间鉴定和比较试验,选育出热研 1 号银合欢,并于 1991 年获全国牧草品种审定委员会审定登记。该品种速生高产,萌蘖再生力强,茎枝叶的产量每 667 平方米达 3 000～4 000 千克。

4. 栽培技术

耕翻整地,施农家肥作底肥。播前用始温 80℃热水浸种 4 分钟,以促进发芽。春播。条播行距 1 米,播深 3 厘米,每 667 平方米播种量 1～2 千克。出苗后适当间苗,去弱留壮。当株高达 1.5 米时,即可刈割饲用。留茬 30～50 厘米。每隔 50～60 天刈割一次,每 667 平方米产鲜嫩枝叶 1 000～4 000 千克。

还可与俯仰臂形草、非洲狗尾草等禾本科草间作、混播，作为牛的放牧草地，银合欢约占混播面积的 20%。

5. 营养价值和利用

银合欢的嫩枝叶和豆荚是热带饲料作物中含粗蛋白质最高的一种，被誉为蛋白质库，其茎叶干物质中含粗蛋白质 24.4%，粗脂肪 4.4%，粗纤维 20.3%，无氮浸出物 44.6%，粗灰分 6.3%。适宜作反刍家畜的饲料。但银合欢的嫩枝叶、荚果和种子，都含有含羞草素，长时间大量单一采食，会引起脱毛、厌食、消瘦、体弱，甚至死亡等中毒症状。适宜短期（一个月内）搭配部分禾本科牧草（约 50%）加以利用。中国农科院畜牧所通过调查和试验研究，发现广西北海市涠洲岛的牛和山羊瘤胃中含有脱毒细菌，即使大量长期采食银合欢亦不会引起中毒。将涠洲岛牛羊瘤胃液接种转移到其他地区不含脱毒细菌的牛羊瘤胃中，或将两地牛羊在一起饲养，即可获得银合欢含羞草素的脱毒能力。这是利用银合欢的一种最有效的方法。用银合欢的嫩枝叶制成的干叶粉，富含胡萝卜素和叶黄素，在鸡的配合饲料中添加 2%，可改进卵黄色泽。在猪的配合饲料中可添加 5% 的银合欢干叶粉。

三、禾本科牧草

全世界禾本科植物有 620 个属，约 10 000 个种。我国有禾本科牧草 180 个属，约 1000 个种。本书介绍的禾本科牧草共 30 个属 54 种。禾本科牧草都是草本，属单子叶植物。须根系，茎秆圆形，大多中空，有节，有的具根茎、匍匐茎或球茎。多为穗状花序、圆锥花序，稀为总状花序，风媒花。果实为颖果,常被外稃与内稃包围。禾本科牧草生活力强,适应性广,从热带到寒带,从酸性到碱性土壤,从高山到平原或低洼地,从干旱的荒漠到积水的下湿地,都有适宜的禾本科牧草生长。除有性繁殖外,亦能无性繁殖。禾本科牧草饲用价值高,适口性好,耐牧性强,最适于放牧利用。由于其叶片不易脱落且碳水化合物含量较高,适宜调制干草并可制成高质量的青贮饲料。

(一)扁穗冰草

1. 分布和适应性

扁穗冰草,又名冰草、麦穗草。广泛分布于西伯利亚西部及亚洲中部寒冷、干旱草原上。我国东北、西北及内蒙古等地有野生种分布,并已栽培利用,是高寒、干旱、半干旱地区的优良牧草。抗寒、耐旱,适应干燥冷凉气候条件,在年降水量230~380毫米的地区生长良好。在轻壤土到重壤土,甚至半沙漠地区,中轻度盐碱地上,都能生长,适应性较广,抗逆性强,但不宜在酸性土和沼泽土地上种植。在北京地区种植,播种当年很少结实,第二年以后开始正常生长发育,一般3月中旬返青,4月初为分蘖盛期,4月下旬拔节,5月下旬抽穗,7月中旬种子成熟,生育期120天左右,12月下旬枯萎,全年青草期270天左右。扁穗冰草不耐夏季高温,此时生长缓慢或休眠。

2. 形态特征

扁穗冰草为禾本科冰草属多年生草本植物。为须根系。茎秆直立、丛生,高60~80厘米,分2~3节。叶披针形,长7~15厘米,宽0.4~0.7厘米。穗状花序,长5~7厘米,小穗无柄,紧密排列穗轴两侧,呈篦齿状,每小穗有小花4~7朵。外稃顶端常具短芒,一般结实3~4粒。种子黄褐色,千粒重2

克。见图 23。

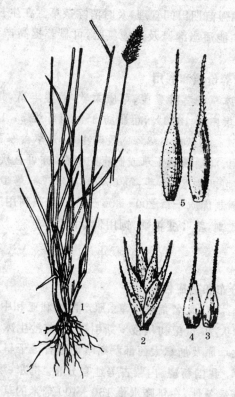

图 23　扁穗冰草
1. 植株　2. 小穗　3. 第一颖　4. 第二颖　5. 小花（腹面及背面）

3. 栽培技术

翻耕整地,施入农家肥作底肥,还可用氮、磷、钾复合肥料作种肥。在寒冷地区可春播或夏播;华北地区以秋播为宜。播种量每 667 平方米 0.75～1.5 千克,条播行距 20～30 厘米,播深 2～3 厘米,播后适当镇压,以利出苗,还可与苜蓿、沙打旺等豆科牧草混播,建立禾本科与豆科的混播草地。幼苗生长缓慢,应加强苗期田间管理,及时清除杂草。在生长期放牧或刈割后,如能适当灌溉及追施氮肥,可显著提高产量,并改善品质。

4. 营养价值和利用

扁穗冰草的茎叶繁茂,草质柔软,营养丰富,其茎叶干物质中含粗蛋白质 10.6%,粗脂肪 3%,粗纤维 34.1%,无氮浸出物 45.5%,粗灰分 6.8%。适口性好,是草食家畜的优质饲草,可青饲、刈割晒制干草或制青贮饲料,亦可直接放牧。华北地区一年可刈割 2~3 茬,每 667 平方米产鲜草 1000~1500 千克,可晒制优质干草 200~300 千克。刈割利用适期为抽穗期,延迟收割,茎叶变粗硬,饲用价值降低。

(二)沙生冰草

1. 分布和适应性

沙生冰草,又名荒漠冰草。原产西伯利亚和中亚地区。美国和加拿大 20 世纪初从俄罗斯引进,目前沙生冰草已成为美国西部大草原及加拿大西部萨斯喀切温省等干旱地区的重要栽培牧草。我国新疆、内蒙古等地有分布。抗寒、耐旱,适宜干燥寒冷气候条件,在年降水量 150~400 毫米的草原地区生长良好,是典型的旱生牧草。沙生冰草对土壤要求不严,喜生于沙质壤土、沙地、沙质坡地及沙丘间低地,并常形成优势种群。

2. 形态特征

沙生冰草为禾本科冰草属多年生草本植物。沙生冰草为须根系,外具沙套。茎秆直立、丛生,株高 80~90 厘米。叶片披针形,长 15~20 厘米,宽 0.6~0.8 厘米。穗状花序,长 6~8 厘米,有小穗 30~45 个,小穗无柄,斜上密排穗轴两侧,呈覆瓦状,含 4～6 朵小花。结实 3～4 粒,种子黄褐色,千粒重 2.57 克。沙生冰草和扁穗冰草形态上相似,沙生冰草为 4 倍体(染色体 $2n=4x=28$),扁穗冰草为 2 倍体(染色体 $2n=2x=14$)。

3. 栽培技术

沙生冰草的栽培技术同扁穗冰草。

4. 品　种

我国栽培的沙生冰草除了直接利用野生种外,内蒙古农牧学院等单位于 1984 年从美国犹他州立大学引进了诺丹沙生冰草,经多年引种栽培试验,1992 年经全国牧草品种审定委员会审定登记为引进品种。该品种适应我国北方降水量为 250～400 毫米的干旱及半干旱地区,如内蒙古中、西部,宁夏、甘肃、青海及新疆等省区均可栽培。

5. 营养价值和利用

沙生冰草生长势强,茎叶繁茂,草质优良,适口性好,是草食家畜的优良饲草。其茎叶干物质中含粗蛋白质 15.4%,粗脂肪 2.2%,粗纤维 31.3%,无氮浸出物 43%,粗灰分 8.1%,其中钙 0.52%,磷 0.29%。早春返青早,生长迅速,北京 3 月中旬返青,5 月初即可利用第一茬草。每年可刈割 2～3 次,每 667 平方米产鲜草 1000～1500 千克,晒制干草 250～400 千克。刈割利用适期是抽穗期,不宜过迟或过早,过迟影响草质,过早产草量低。

(三)蒙古冰草

1. 分布和适应性

蒙古冰草,又名沙芦草。原产于我国北部沙漠以南边缘地带,现分布于内蒙古、山西北部、陕西北部、甘肃、宁夏一带,是干旱草原和荒漠地带的重要牧草。对干旱、寒冷、风沙有高度的抵抗能力，在年降水量200～300毫米的地区能够生长。在严寒的冬季，可安全越冬。春季风沙将其根部2/3裸露，仍可存活。耐瘠性强，在高原沙质土及砂壤质栗钙土上可以生长。在壤质、粘壤质褐土上生长良好。是典型的旱生牧草，生命力强，适应性广。播种当年生长缓慢，但根系生长很快，当地上株高30厘米时，根深已达80～100厘米。春播当年有少量抽穗结实，第二年以后生长发育正常，结实性好。不耐夏季高温，在北京7～8月份基本停止生长，40％的茎叶枯黄。再生性差。春秋冷凉气候生长繁茂。

2. 形态特征

蒙古冰草为禾本科冰草属草本植物。根系长而密集，具有沙套。茎直立，疏丛型，高70～80厘米，茎为2～3节。叶片呈窄披针形，灰绿，叶缘收缩内卷下披，长10～20厘米，宽0.4～0.5厘米。穗状花序，长10～13厘米，宽0.5～0.7厘米，每穗有20～30个小穗，小穗稀疏斜上排列穗轴两侧，每小穗有3～8朵小花，结实2～4粒，种子黄褐色，千粒重1.9克。

3. 栽培技术

适于干旱草原及沙漠区直播或补播，应在7～8月份趁雨抢墒播种，在土壤水分适宜的情况下应尽可能早播，以利幼苗扎根生长。在北京地区秋播为宜，每667平方米播种量1～1.5千克，行距30厘米，播深2～3厘米，播后镇压，以利保墒出苗。在风沙大及草场沙化地区，最好不翻耕而直接播种为宜。

4. 品　种

我国栽培的蒙古冰草，经全国牧草品种审定委员会审定登记的品种只有一个。即由内蒙古农牧学院、中国农科院草原研究所、内蒙古草原工作站、内蒙古畜牧科学院共同申报的内蒙沙芦草（蒙古冰草）。原始材料为采自内蒙古锡盟和巴盟天然草地的野生种，经多年栽培驯化而成。该品种适应我国北方年降水量 200～400 毫米的干旱、半干旱地区推广，如内蒙古中、西部，甘肃、青海、宁夏、新疆等省（自治区）。

5. 营养价值和利用

茎叶较柔软，营养价值较高，其茎叶干物质中含粗蛋白质 13.2%，粗脂肪 2.1%，粗纤维 32.8%，无氮浸出物 43.8%，粗灰分 8.1%，其中钙 0.41%，磷0.28%。鲜、干草为草食家畜所喜食，在北京地区一年可刈割 2～3 次，鲜草每 667 平方米产量 1 000 千克以上，晒制优良干草 250 千克左右，利用适期为抽穗期，刈割过迟，饲用价值降低。

（四）西伯利亚冰草

1. 分布和适应性

西伯利亚冰草原产西伯利亚西部及亚洲中部丘陵区及波浪式的沙土和荒漠地带，在这类地区常是占优势的建群植物。我国内蒙古锡林郭勒有分布，华北、东北、内蒙古有引种栽培，是北方地区沙土地上的典型牧草。耐寒、耐旱，在我国温带地区可安全越冬，在青藏高原海拔 2 300～3 800 米的地方生长发育良好，耐旱性稍次于沙生冰草和蒙古冰草，在年降水量 200～350 毫米的地区能较好地生长。西伯利亚冰草对土壤要求不严，在沙质土壤上生长良好。耐微碱性，土壤 pH 值 7.5～8.7 时，可获得较高的产量。

2. 形态特征

西伯利亚冰草为禾本科冰草属多年生草本植物，为须根系。茎直立，分 5 节，在干旱瘠薄条件下一般高 30～60 厘米，在栽培条件下株高可达 100 厘米左右，叶片线形或长披针形，长 14～18 厘米，宽 0.7～0.9 厘米，干旱时常卷缩。窄穗状花序，长 7～10 厘米，小穗无柄，斜上排列穗轴两侧，呈覆瓦状，每穗有小穗 30～50 个，每小穗含 7～11 朵小花。结实 2～3 粒，种子黄褐色，千粒重 2.44 克。

3. 栽培技术

西伯利亚冰草较易建植，播前将土地翻耕平整，在适宜的墒情下，可春播或秋播，东北地区一般 6 月下旬至 8 月上旬播种，北京地区可在 8 月下旬到 9 月上旬播种，播种量每 667 平方米 0.75～1.5 千克，条播行距 20～30 厘米，播种深度视墒情和土质而定，沙土一般播深 3～4 厘米，土质粘重可适当浅播。耐旱、耐瘠，但施适当水肥，可明显提高产量和改善品质。

4. 营养价值和利用

茎叶较柔软，其干物质中含粗蛋白质 16.6%，粗脂肪 2.1%，粗纤维 30.8%，无氮浸出物 41.7%，粗灰分 8.8%，其中钙 0.72%，磷 0.27%。适口性好，草食家畜喜食。其草地早春、晚秋可以放牧，亦可以刈割晒制干草。在栽培条件下，年可刈割 2～3 次，每 667 平方米产鲜草 1700 千克。可与其他禾本科、豆科牧草混播，建立混播草地，如与苜蓿、沙打旺等牧草混播，可建立刈草和放牧兼用的人工草地，这种草地一般每 667 平方米产干草 350～600 千克。在我国高原和干旱、半干旱地区建立人工草场，对改良天然草场有广泛的利用前景，在改良与绿化沙漠和荒原中亦可利用。

（五）纤毛鹅冠草

1. 分布和适应性

纤毛鹅冠草，又名缘毛鹅冠草。原产亚洲北部，广泛分布于我国东北、华北、西北各省区。适应性广，抗寒、耐旱、耐瘠薄。在北方地区田埂路旁均有分布。在海拔 3400 米的高寒牧区能安全越冬。在干旱贫瘠的土壤上生长良好。在青海播种当年处于营养生长阶段,草层一般高 20～30 厘米,第二年可正常生长发育,完成生育周期。

2. 形态特征

纤毛鹅冠草为禾本科鹅冠草属多年生草本植物。为须根系。茎直立,平滑无毛,株高 80～100 厘米,分 3～4 节。叶片扁平,两面无毛,边缘粗糙,叶长 5～20 厘米。穗状花序,直立或稍下垂,长 6～8 厘米,每穗有小穗 10～20 枚,小穗含 7～10 朵小花,颖具明显的 5 脉,边缘与边脉上具有纤毛。外颖有芒,长 1～2 厘米,种子千粒重 4 克(图 24)。

图 24 纤毛鹅冠草

3. 栽培技术

可春播、夏播或秋播。在高寒地区宜春播或夏播,播种量每 667 平方米 1.3～2 千克,条播行距 15～30 厘米,播深 3～4 厘米,播后要镇压。种子易脱落,所以留种田要及时收获。

4. 营养价值和利用

营养生长期鲜草营养价值较高,茎叶干物质中含粗蛋白质 11％,粗脂肪 3.4％,粗纤维 36％,无氮浸出物 42.7％,粗灰分 6.9％。适口性好,各种家畜均喜食。抽穗期后,草质粗硬,饲用价值降低。生长第二年每 667 平方米产干草300～750千克。

(六)中间偃麦草

1. 分布和适应性

中间偃麦草,又名中间冰草。原产于东欧,天然分布于高加索等中亚的东南部草原地带,现已成为北美洲西部干旱地区的重要栽培牧草。我国 1974 年引入,在青海、内蒙古、北京及东北地区试种,表现耐寒、耐旱,生长势强,植株高大,是高寒、干旱、半干旱地区重要牧草。抗逆性强,在青海西宁、内蒙古和东北大部地区种植都能安全越冬。耐旱,在年降水量 350毫米的地区可以良好地生长。抗侵蚀,在沟壑及斜坡上生长牢固。耐盐,可在中轻度盐碱地上生长。对土壤要求不严,既可在裸露的石灰性土壤上生长,亦可在排水良好、酸碱适中的各类土壤上生长。

2. 形态特征

中间偃麦草为禾本科偃麦草属多年生草本植物。为须根系,具发达的横走根茎。茎直立,粗壮,疏丛生,高 100～130 厘米,基生叶密集,长而宽,茎上叶亦较多,叶缘有短毛,依此可与其他偃麦草相区别,叶色灰绿,有蜡质,叶长 20～25 厘米,宽 1～1.2 厘米。穗状花序,细长,可达 20～30 厘米,小穗无柄、互生,稀疏斜上排列穗轴两侧,每穗着生 20～30 个小穗,每小穗有花 3～6 朵。可结实 2～6 粒,千粒重 5.2 克。

3. 栽培技术

中间偃麦草较易建植,播前将土地翻耕平整,施入底肥,在冷凉地区可春播,亦可在夏季趁雨抢播,在华北地区宜秋播。每 667 平方米播种量 1～1.5 千克,条播行距 30～40 厘米,播深 3～4 厘米,播后要镇压。中间偃麦草亦可和苜蓿、红豆草、无芒雀麦、鹅冠草等混播,建立混播草地。对水肥敏感,在生长期或刈割、放牧后适当浇水追肥,可显著提高产量和改善品质。

4. 营养价值和利用

中间偃麦草茎叶繁茂,抽穗期茎叶干物质中含粗蛋白质 13.4%,粗脂肪 2.9%,粗纤维 31.8%,无氮浸出物 43.1%,粗灰分 8.8%,其中钙 0.56%,磷 0.26%。可刈割晒制干草,亦可放牧,是草食家畜的好饲料。在北京地区栽培,年可刈割 2～3 茬,每 667 平方米产鲜草 1500～2 200 千克,可晒制干草 500～750 千克。抽穗期为刈割适期,推迟收割草质粗糙,饲用价值降低。早春、夏末可以放牧,但要注意合理轮牧。

(七)长穗偃麦草

1. 分布和适应性

长穗偃麦草,又名高冰草、长麦草。原产欧洲南部和小亚细亚。现北美洲西部温暖地带种植较多。我国北方及东部沿海盐碱地已有种植。抗寒、耐旱,较耐盐碱,适宜冷凉干燥的气候条件。在年降水量 350～400 毫米的地区可以生长。亦较耐下湿,可在高地下水位和盐碱草甸及滨海盐碱地生长。在含盐量 0.6% 的盐土上可以全部成活,在含盐 0.4% 以下的盐土地上可以获得较好的产草量。在我国黄淮海盐碱地上及干旱、半干旱地区,有广泛的利用前景。

2. 形态特征

长穗偃麦草为禾本科偃麦草属多年生草本植物。为须根系,有时具短根茎。茎直立、高大,分 5 节,一般高 100~120 厘米,栽培条件下高达 130~150 厘米。叶条形,浅灰绿色,叶脉平行凸起,叶片较厚,质地较粗糙。穗状花序,长 30~40 厘米,小穗互生,稀疏排列穗轴两侧,每穗有小穗 14~16 个,小穗长 1.4~2.5 厘米,有小花 5~11 朵。可结实 4~10 粒,种子浅黄色,千粒重 6.18 克。

3. 栽培技术

播前翻耕平整土地,施入底肥,在土壤墒情适宜的条件下,可春播也可秋播。黄淮海地区秋播为宜。播种量每 667 平方米 1~1.5 千克,条播行距 30 厘米,播深 2~3 厘米,播后覆土镇压。苗期注意清除杂草。每年秋末或春季施入氮肥,可提高产量和改善品质。

4. 营养价值和利用

植株高大,生长繁茂。抽穗期茎叶干物质中含粗蛋白质 8.2%,粗脂肪 1.5%,粗纤维 35.8%,无氮浸出物 45.2%,粗灰分 9.3%,其中钙 0.45%,磷 0.25%。抽穗至初花期刈割可青饲或晒制干草,再生草可放牧。北京地区栽培条件下一年可刈割 3 次,每 667 平方米产鲜草 1500~2500 千克,可晒制干草 400~600 千克。尽管长穗偃麦草茎叶粗糙,但在春季或晚秋营养生长期,其适口性仍然较好,草食家畜喜食。晒制干草要注意刈割适期,以保证其饲用和营养价值。

(八)偃 麦 草

1. 分布和适应性

偃麦草,又名匍匐冰草。天然分布于蒙古、中亚、朝鲜半岛、日本、印度等地。我国新疆的北疆山地草甸、阿尔泰河谷河漫滩草甸,东北西部和内蒙古东部的松嫩平原,呼伦贝尔、西辽河平原和锡林郭勒等地,都有野生。我国青海、新疆已有栽培,是草甸草场重要的优良牧草之一。喜湿润的生态环境。多生长在平原低洼地、河漫滩、湖滨、山沟地带,在平原绿洲的渠旁、田埂和撂荒地上,常有优势种群,在深厚的壤质土、草甸土上,草群生长繁茂,在轻度的盐渍土上可以生长。

2. 形态特征

偃麦草为禾本科偃麦草属多年生草本植物。为须根系,具发达的地下根茎。茎秆直立,疏丛生,高 60～70 厘米,分 3～5 节。叶片扁平,鲜绿色,长 10～20 厘米,宽 5～10 毫米。穗状花序,长 10～18 厘米,宽 0.8～1.5 厘米,小穗互生于穗轴两侧,每小穗含 6～10 朵小花,结实 3～5 粒。种子黄褐色,千粒重约 3 克。

3. 栽培技术

偃麦草的栽培方法与中间偃麦草相同。

4. 营养价值和利用

生长繁茂,叶量丰富,抽穗期茎叶干物质中含粗蛋白质 13.4％,粗脂肪 2.9％,粗纤维 29％,无氮浸出物 45.6％,粗灰分 9.1％。草质柔软,适宜刈割调制干草或放牧,在新疆栽培第二年的偃麦草每 667 平方米产干草 150～200 千克,成熟期的茎、叶、穗比为 1：1.9：0.3。草质优良,为草食家畜所喜食。侵占能力强,也可用于水土保持和道路边坡绿化。

(九)毛偃麦草

1. 分布和适应性

毛偃麦草天然分布于高加索山地及哈萨克、乌兹别克、土库曼等山地栗色土及生荒地上。耐旱、耐寒，在年降水量250～300毫米的地区生长良好，在我国北方地区可以安全越冬。对土壤要求不严，宜在排水良好、酸碱适中的沙土到粘土之间的各种土壤上生长。喜冷凉气候条件，夏季高温对其生长不利，此时常停止生长，处于休眠状态。

2. 形态特征

毛偃麦草为禾本科偃麦草属多年生草本植物。形态和中间偃麦草相似，主要区别在于毛偃麦草的叶表及穗部的外颖上披有茸毛。毛偃麦草为须根系，具短根茎。茎直立，高100～150厘米，野生条件下高40～100厘米。叶片深绿色，披针形，一般长20～30厘米，宽0.9～1.2厘米。穗状花序，长30厘米左右，小穗互生，稀疏排列于穗轴两侧。每穗有小穗20～35个，小穗的外颖上密生茸毛，每小穗有花3～6朵，可结实2～5粒。种子千粒重5.93克。

3. 栽培技术

毛偃麦草的栽培技术同中间偃麦草。

4. 营养价值和利用

茎叶繁茂，抽穗期茎叶干物质中含粗蛋白质9.6%，粗脂肪2.1%，粗纤维36.3%，无氮浸出物43%，粗灰分9%，其中钙0.46%，磷0.28%。年可刈割2次，每667平方米产鲜草2000～2500千克。草质较粗糙，饲用价值较低，适宜饲喂草食家畜。要注意在抽穗期前刈割。早春和晚秋适宜放牧利用。

（十）无芒雀麦

1. 分布和适应性

无芒雀麦，又名禾萱草、无芒草。原产于欧洲、中亚及西伯利亚地区。我国东北、西北、华北地区有野生分布，在内蒙古高原多生长在草甸暗栗钙土地上,形成自然群落。在我国东北、内蒙古、青海、河北坝上等地,已有很长的栽培历史和大面积的种植。无芒雀麦是世界温带、暖温带地区优良的栽培牧草。适宜冷凉、干燥的气候条件,在夏季不太炎热,年降水量400~500毫米的地区生长良好,气温在20℃~26℃时为生长最适温度。抗寒性强,在-30℃低温下可安全越冬。喜土层较厚的壤土或粘壤土。对水肥敏感,有一定的耐湿、耐碱能力,但在贫瘠的沙土地上长势较差。

2. 形态特征

无芒雀麦为禾本科雀麦属多年生草本植物。为须根系,具根茎,主要分布于20厘米厚的表土层中。茎直立,分4~6个节,高80~120厘米。叶片柔软,呈带状,长15~20厘米,宽1.2~1.6厘米。圆锥花序,开展,长15~20厘米,分枝较细,小穗含花6~10朵,一般每花结1粒种子,颖披针形,顶端无芒或具短芒。种子黑褐色,大而扁平,艇状,长9~12毫米,宽2.5毫米。千粒重4克。见图25。

3. 栽培技术

播前将土地翻耕平整,并施入农家肥。当土壤墒情适宜时,可春播也可秋播。东北、内蒙古等冬季严寒地区,可在4~5月份播种,也可在夏季雨季播种。华北大部地区宜秋播,在8月下旬到9月中旬前均可播种。可撒播或条播,条播行距30~40厘米,播种量每667平方米1~2千克,播深3~4厘米,播种后镇压。无芒雀麦还可与苜蓿、沙打旺混播,在南方高海拔地区还可与红三叶混播,建立混播草地,利用年限长。一般3~4年后,由于根茎层密度大,长势衰退,可用圆盘耙切断部分根茎,施入农家肥或化肥,促使草地更新,以保持草地的生产能力。

图 25　无芒雀麦

1. 植株　2. 小穗　3. 小花(腹面和背面)

4. 取掉小花后的颖　5. 第一颖　6. 第二颖

4. 品　种

　　我国栽培的无芒雀麦,经全国牧草品种审定委员会审定登记的品种有 6 个。其中国内品种 4 个,即吉林省农科院畜牧分院采自吉林省的野生种,经长期栽培、驯化和人工选择选育而成的公农无芒雀麦;中国农科院草原研究所和内蒙古自治区草原工作站采自内蒙古锡林郭勒盟种畜场天然草地的野生种,经多年栽培驯化而选育成的锡林郭勒无芒雀麦;新疆维吾尔自治区畜牧厅草原处、新疆八一农学院和奇台县草原工作站从河北张家口引入在当地已栽培 30 余年的奇台无芒雀麦;新疆农业大学畜牧分院从天山北坡中心带野生无芒雀麦群体中选育而成的新雀 1 号无芒雀麦。国外引进品种 2 个,由美国内布拉斯加州农业试验站育成的林肯无芒雀麦,该品种在北美属于南方型,根茎扩展性强,产草量高;另一个是由加拿大农业部萨斯卡通研究站育成的卡尔顿无芒雀麦,该品种在北美属于北方型,抗寒性强,根茎扩展较慢。上述各品种均适宜我国温带和暖温带地区种植。

4. 营养价值和利用

茎叶柔软,草质优良,抽穗期茎叶干物质中含粗蛋白质 16.1%,粗脂肪 2.7%,粗纤维 29.9%,无氮浸出物 39.6%,粗灰分 11.7%,其中钙 2.51%,磷 0.29%。适口性好,家畜均喜食,其草地可以用来放牧,亦可刈割晒制干草,每年可刈割 2～3 次,每 667 平方米产干草 250～500 千克。

(十一)扁穗雀麦

1. 分布和适应性

扁穗雀麦,又名北美雀麦。原产于南美洲的阿根廷,19 世纪 60 年代,美国南部开始引进种植,现澳大利亚、新西兰、欧洲一些国家广泛栽培。我国云南、贵州省有野生分布。适于温暖湿润的气候条件,越冬性差,在北京、青海、辽宁等地种植越冬不稳定或不能越冬。耐旱性一般,但其抵抗晚秋初冬的寒冷低温能力较强,在北京青草期可延续到 12 月中旬,耐盐性较强,但不耐水淹。喜肥沃粘质土壤。

2. 形态特征

扁穗雀麦为禾本科雀麦属短期多年生草本植物。其须根系发达。茎直立,扁平,株高 80～100 厘米,疏丛型。叶片浅绿,长 20～30 厘米,宽 0.7～0.9 厘米。前期茎叶上密生茸毛,成熟时茸毛变少。圆锥花序,长约 15 厘米,分枝开散,每枝顶端着生 2～5 个小穗,小穗扁平宽大,有 6～12 个小花,结实 4～8 粒。种子浅黄色,披针形,千粒重 10 克。

3. 栽培技术

适于长江流域以南冬季温暖地区秋播,可利用 2～3 年;北方冬季寒冷地区宜春播,可利用 1～2 年。每 667 平方米播种 1.5～2 千克,条播行距 15～20 厘米,播深 3～4 厘米,播后要镇压。生长期间注意除杂草和适当浇水施肥,可以大幅度提高产量和改善品质。

4. 营养价值和利用

株丛繁茂,茎叶鲜嫩,草质优良,抽穗期茎叶干物质中含粗蛋白质 18.4%,粗脂肪 2.7%,粗纤维 29.8%,无氮浸出物 37.5%,粗灰分 11.6%。适口性好,各种家畜均喜食。亦可用以饲喂鹅、兔和草食性鱼类。在北京地区一年可刈割 2～3 次,每 667 平方米产干草 800～1000 千克;在青海省铁卜加地区每 667 平方米产干草达 1000～1400 千克;在辽宁每 667 平方米收干草 1000 千克左右。其品质好于无芒雀麦,亦可青饲或做青贮饲料,再生草可以放牧。

(十二)羊 草

1. 分布和适应性

羊草,又名碱草。广泛分布于欧亚大陆,在贝加尔湖、蒙古的东部、北部,我国东北平原、内蒙古高原都有大面积的分布。

耐寒、耐旱、耐践踏,亦耐盐碱。具有广泛的适应性,能够适应多种复杂的生态条件,在冬季-40℃的低温下可以越冬。羊草为中旱生植物,喜湿润的砂壤或轻壤质土壤,能在排水不良的轻度盐化草甸土或苏打盐土上良好生长,形成大面积羊草草甸,也能在排水不良的黑土和碳酸盐黑钙土上正常生长。具有很强的耐盐碱性,能在0.1%～0.3%的盐化土中生长。在内蒙古及东北地区一般4月下旬开始返青,5月份拔节,6月上旬抽穗,7月底种子成熟,生育期90～100天。秋季枯萎较晚,青草期可达200天。利用期长达10～20年。

2. 形态特征

羊草为禾本科赖草属多年生草本植物。为须根系,具发达的横走根茎,形成纵横交错的根网,主要分布于20厘米以上的土层中。茎直立,单生或疏丛状,分3～7节,株高30～90厘米。叶片灰绿或灰蓝绿色,常具白粉,长7～19厘米,宽3～5厘米,质地较厚而硬。穗状花序,直立,长12～18厘米,小穗孪生,在花序两端常为单生,小穗长1～2厘米,小花5～6朵。颖果长椭圆形,深褐色,长5～7毫米。种子千粒重2克。见图26。

3. 栽培技术

可用种子繁殖,亦可用根茎进行无性繁殖。用种子繁殖,播前必须精细整地,做到土壤细碎,地面平整。一般深翻20厘米,盐碱地则注意实行表土浅翻轻耙或深松土,播种期以夏季为宜。种子空秕粒多,注意清选,以提高发芽率,通常每667平方米播种子3～4千克,条播行距15～30厘米,播深2～4厘米,播后要镇压。无性繁殖可将羊草的根茎切成小段,一般长5～10厘米,有2～3个节,按一定的株行距埋入整好的土地中,栽后灌水或在雨季栽植,成活率高。种子出苗期长,幼苗期

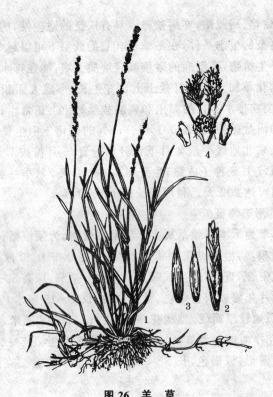

图 26 羊 草

1. 植株株丛　2. 小穗　3. 小花(腹面和背面)　4. 鳞片及雌蕊

生长发育缓慢,易受干旱及杂草危害。应注意加强管理,及时消灭田间杂草和保墒。生长期间或利用多年的羊草草地,如能适时灌溉,追施肥料,能提高产量和改善品质,防止草地退化,保持草地的生产力。

4. 品 种

我国栽培的羊草,经全国牧草品种审定委员会审定登记的品种有 6 个,均为国内品种。其中有中国农业科学院草原研究所和黑龙江省畜牧研究所从黑龙江及内蒙古呼伦贝尔草原优势建群种中采集种子，经多年栽培、驯化而选育成的东北羊草；内蒙古农牧学院草原系以内蒙古正镶白旗额里图牧场野生种，经多年栽培和混合选择而育成的农牧1号羊草；吉林省生物研究所经多年选育，于1991～1994年申报，获全国牧草品种审定委员会审定通过登记的新品种有4个。吉生1号以长春野生羊草为父本，长岭野生羊草为母本杂交选育而成；吉生2号以海拉尔羊草作母本，长岭羊草作父本杂交选育而成；吉生3号以伊胡塔羊草为育种材料，杂交选育而成；吉生4号父本材料为嘎达苏野生羊草×伊胡塔野生羊草，母本材料为嘎达苏野生羊草×高林屯野生羊草，经杂交选育而成。这些育成品种的适应性均较强，其产草量、产籽量、出苗率均比野生羊草有显著提高。

5. 营养价值和利用

茎叶繁茂，草质优良，茎叶干物质中含粗蛋白质14.8%，粗脂肪2.9%，粗纤维41.7%，无氮浸出物34.9%，粗灰分5.7%。适口性好，是草食家畜的好饲草。羊草营养生长期长，保持较高的营养价值，对幼畜的发育、成畜的肥育、繁殖都有较好的效果。每667平方米干草产量为150～300千克，高者达500千克。羊草适宜放牧，是我国东北地区最重要的饲草资源。其优质干草也是我国出口的主要牧草产品之一。

（十三）披碱草

1. 分布和适应性

披碱草，又名野麦草、直穗大麦草。广泛分布于北半球温带地区，俄罗斯欧洲部分的高山地带，西伯利亚，中亚，帕米尔，蒙古的森林草原，日本北海道等地都有分布。我国东北、华北、西北等地区广泛分布。东北各省、内蒙古、河北、甘肃、宁夏、青海等省区已广泛栽培。具有较强的抗寒能力,在内蒙古锡林郭勒地区1月份平均气温－28℃,绝对最低气温－37℃的条件下,越冬率可达99.5%。耐旱,在年降水量250～300毫米的地区生长良好。较耐盐碱,在土壤pH值7.6～8.7的范围内生长良好。耐风沙吹打。对土壤有广泛的适应能力,在黑钙土、暗栗钙土及黑垆土上均有分布。

2. 形态特征

披碱草为禾本科披碱草属多年生草本植物。须根系强大,深者可达100厘米处,但主要集中在15～20厘米土层中。茎直立,疏丛型,高80～150厘米,分为3～6节。叶披针形,长10～30厘米,宽0.8～1.2厘米,扁平或内卷,叶表面粗糙,背面光滑。穗状花序,直立、紧密,长14～20厘米,每节1～2个小穗,每小穗有3～6朵小花。颖呈披针形,具有短芒,颖果长椭圆形,深褐色,千粒重2.78～4克。见图27。

3. 栽培技术

播前整地,耕翻18～20厘米,并耙糖平整,结合整地施入农家肥作底肥。播期可根据土壤墒情,春、夏、秋播均可。每667平方米播种量1～2千克,行距30厘米,播深3～4厘米,播种后镇压。种子有芒,播前应进行去芒处理,以利播种。披碱草播种当年苗期生长缓慢,可用麦类作为保护作物,以提高产量并增加收益。

4. 品 种

我国栽培的披碱草,经全国牧草品种审定委员会审定登记的品种只有一个,即由河北省张家口市草原畜牧研究所申报的察北披碱草。原始材料采自张家口坝上察北牧场天然草地上的野生种,经长期栽培驯化选育而成。该品种适应于寒

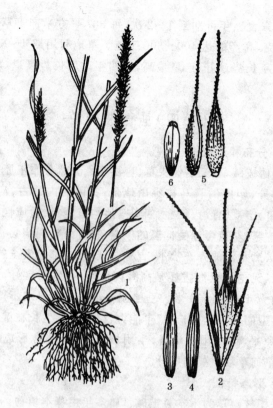

图 27　披碱草

1. 植株株丛一部分　2. 小穗　3. 第一颖　4. 第二颖

5. 小花(背面及腹面)　6. 颖果(种子)

冷、干旱地区栽培,如河北省北部、山西省北部、内蒙古、青海、甘肃等地区均可种植。

5. 营养价值和利用

茎叶干物质中含粗蛋白质8.3%,粗脂肪3.1%,粗纤维44.3%,无氮浸出物37.7%,粗灰分6.6%。适口性好,草食家畜均喜采食。年可刈割 1～2 次,每 667 平方米产干草 250～300 千克,高产的达 400～500 千克。草地利用期 4～5 年,以第二三年长势最好,产量最高,第四年以后长势衰退,应及时更新。

(十四)垂穗披碱草

1. 分布和适应性

垂穗披碱草,又名钩头草、弯穗草。天然分布于原苏联的亚洲部分、印度的喜马拉雅山地带,我国的内蒙古、河北、陕西、甘肃、宁夏、青海、新疆、四川等地均有分布。适应性和抗逆性强,抗寒,幼苗可经受低温的侵袭,在青海省同德县、内蒙古的呼盟、黑龙江的齐齐哈尔、吉林白城等地,都能安全越冬。适应性强,无论是低海拔还是高海拔地区,都生长良好,适宜海拔范围为 450～4 500 米。垂穗披碱草对土壤要求不严,可在各种类型的土壤上生长,抗旱能力较强,但喜生长在湿润的平原、高原平滩地、阳坡沟谷、半阴坡等地带,并常形成优势种群,是草甸草场重要的成分。

2. 形态特征

垂穗披碱草为禾本科披碱草属多年生草本植物。为须根系。茎直立,疏丛型,高 60～120 厘米。叶扁平,长 6～10 厘米。穗状花序,较紧密,小穗排列稍偏于一侧,弯曲而先端下垂,穗轴每节通常有 2 枚小穗,近顶端每节 1 枚小穗。小穗幼嫩时为绿色,成熟时常带紫色。小穗有 3～4 朵小花,结实 2～3 粒。颖长圆形,外稃顶端具长芒,粗糙,向外开展。种子千粒重 2～4 克。

3. 栽培技术

播前需翻耕平整土地,并施入基肥,由于种子芒长,播前需对种子进行断芒处理,可以用镇压器压轧断芒。根据气候和土壤墒情,可春、夏、秋播。春播一般 4~5 月份进行。每 667 平方米播种量 1~1.5 千克,条播行距 30 厘米,播深 3~4 厘米,播后镇压。除单播外,也可与一年生禾本科牧草混播,以提高当年的产草量和土地的利用率。

4. 品 种

我国栽培的垂穗披碱草,经全国牧草品种审定委员会审定登记的品种只有一个,即由甘肃省甘南藏族自治州草原工作站申报的甘肃垂穗披碱草。原始材料采自甘南天然草地野生种,经多年栽培驯化选育而成。该品种最适应我国海拔 3 000~4 000 米、降水量 450~600 毫米的高寒阴湿地区种植。

5. 营养价值和利用

抽穗期茎叶干物质中含粗蛋白质 10.1%,粗脂肪 2.2%,粗纤维 27.7%,无氮浸出物 52.7%,粗灰分 7.3%,其中钙 0.28%,磷 0.51%。草质较柔软,适口性好,既可刈割青饲、调制干草或做青贮饲料,亦可放牧利用,是冬春季草食家畜的保膘饲草。刈割适期为抽穗期,推迟收割,则茎叶粗糙,纤维增加,饲用价值降低。

(十五)老 芒 麦

1. 分布和适应性

老芒麦,又名西伯利亚披碱草。天然分布于俄罗斯、哈萨克斯坦及蒙古。我国东北、西北、华北及青藏高原有野生分布,在草原地带常形成自然群落。内蒙古、新疆、甘肃、青海等省区广泛栽培。适应寒冷湿润的气候条件,抗寒性强,幼苗可耐—3℃～—4℃低温,冬季气温下降到—36℃～—38℃时,能安全越冬,适于年降水量450～800毫米的地区生长,对土壤要求不严,在瘠薄、弱酸、微碱和轻度盐渍化土壤,均能生长,但在有机质丰富的肥沃土壤上生长最好。

2. 形态特征

老芒麦为禾本科披碱草属多年生草本植物。为须根系。茎直立或基部弯曲,高90～150厘米,分3～5节。叶片扁平,长15～25厘米,宽6～15毫米。穗状花序,较疏松,稍弯曲下垂或向外曲展,长15～20厘米,穗轴每节具2枚小穗,每小穗有4～5朵小花。颖披针形,先端具短芒,外稃顶端向前延伸成芒展开或向外反曲。颖果长扁圆形,千粒重4.9克。见图28。

3. 栽培技术

老芒麦易建植,春、秋、夏季均可播种。结合翻耕施入农家肥料,播前再经耙糖,土壤墒情适宜即可播种。种子芒较长,应去芒以利播种。播种量每667平方米1.3～1.8千克,播深3～4厘米,行距15～30厘米,播后镇压。有灌溉条件的地方,能在分蘖拔节期适时灌水,可大幅度提高产量,每667平方米产干草250～350千克。种子成熟后易脱落,当60%～75%种子成熟时,就应及时收获。

4. 品　种

我国栽培的老芒麦,经全国牧草品种审定委员会审定登记的品种有4个。其中有中国农科院草原所从吉林省和黑龙江省引进的老芒麦经栽培驯化、选育而成的吉林老芒麦,内蒙古农牧学院草原系由原呼和浩特农校引进的弯穗披碱草选育而成的农牧老芒麦,四川省草原研究所以采自四川省阿坝县老芒麦选育而成的川草1号老芒麦,以及以四川省红原县天

图 28　老芒麦

1. 植株　2. 小穗　3. 颖果

然草地的老芒麦为原始材料选育而成的川草 2 号老芒麦。上述品种均适应我国温带及高寒地区栽培。

5. 营养价值和利用

茎叶干物质中含粗蛋白质 12.2％，粗脂肪 2.9％，粗纤维 28.7％，无氮浸出物 51.2％，粗灰分 5％。叶量较大，茎秆较柔细，草食家畜均喜采食。适宜青饲及调制干草。再生草可以放牧。

(十六)新 麦 草

1. 分布和适应性

新麦草,又名俄罗斯野麦草、灯芯草状野麦草、俄滨草。原产于西伯利亚。我国新疆天山以北、内蒙古等地有野生,东北、西北、华北地区试种表现良好。新麦草抗寒、耐旱,冬季在—20℃～—30℃的低温下能够安全越冬,在年降水量300～400毫米的地区可生长良好。分布于草地、山坡、林下和渠旁,也可在荒漠草原地带形成群落,耐盐碱性较强,可以在中轻盐碱地上生长。

2. 形态特征

新麦草为禾本科新麦草属多年生草本植物。为须根系。茎直立,疏丛型,高90～120厘米。基生叶密集,茎上叶稀疏短小,叶片柔软,一般长8～12厘米,宽3～4毫米。穗状花序,长5～10厘米,宽5～7毫米。穗轴每节具2～3个小穗,每小穗含2～3朵小花,结实1～3粒。颖锥形,长4～5毫米,外稃密生小硬毛。种子千粒重2.6克。

3. 栽培技术

新麦草可春播,亦可秋播,播种量每667平方米0.6～0.75千克,条播行距20～30厘米,播深3～5厘米,在干旱地区宜采用宽行距播种,行距90厘米,亦可采用方形交叉播种,以利于保墒和延长草地的利用年限。

4. 品　　种

我国栽培的新麦草,经全国牧草品种审定委员会审定登记的品种有2个。一为中国农业大学动物科技学院从甘肃省山丹军马场引入的野生种在河北省坝上试验栽培驯化、选育

而成的山丹新麦草;另一个是新疆农业大学草原系采自新疆
天山草地野生种,经多年栽培驯化选育而成的紫泥泉新麦草。
这两个品种均适应我国由东北沿长城向西至天山一线广大干
旱、半干旱地区种植。

5. 营养价值和利用

茎叶干物质中含粗蛋白质 14.1%,粗脂肪 2.6%,粗纤维
22.4%,无氮浸出物 52.9%,粗灰分 8%。茎叶柔软,适口性
好,营养价值高,各种草食家畜都喜采食。其草丛结构为基部
草层密集,中上部茎叶稀疏,不利于刈割,最适宜放牧,最适的
放牧时间是 8～11 月份,此时粗蛋白质含量和可消化碳水化
合物都高于其他禾本科牧草。

(十七)苇状羊茅

1. 分布和适应性

苇状羊茅,又名高羊茅、苇状狐茅。原产于西欧,天然分布
于乌克兰、伏尔加河流域、北高加索、西伯利亚等地。我国新疆
有野生,北方暖温带及南方亚热带都有栽培。适应性广,可在
多种气候条件下和生态环境中生长。抗寒、耐热、耐干旱、耐潮
湿,在冬季-15℃条件下可安全越冬,夏季在 38℃ 高温下可
正常越夏,在湖北及江西南昌生长发育正常。对土壤要求不
严,可在多种类型的土地上生长,耐酸性土壤,并有一定的耐
盐能力。最适宜年降水量 450 毫米以上和海拔 1500 米以下
的温暖湿润地区生长。在肥沃、潮湿粘壤土上生长最繁茂。

2. 形态特征

苇状羊茅为禾本科羊茅属多年生草本植物。须根系发达,
入土较深。茎直立,分 4～5 节,疏丛型,株高 80～140 厘米。叶
带状,长 30～50 厘米,宽 0.6～1 厘米,叶背光滑,叶表粗糙。

基生叶密集丛生,叶量丰富。圆锥花序,松散多枝,长 20～30 厘米,每小穗含 4～5 朵小花,颖窄披针形,外稃无芒或具 0.7～2.5 毫米的短芒。颖果棕褐色,种子千粒重 2.5 克。见图 29。

3. 栽培技术

苇状羊茅易建植,春秋两季播种,华北大部分地区以秋播为宜。结合整地,施足底肥。每 667 平方米播种量 0.7～1.3 千克,条播行距 30 厘米,播深 2～3 厘米,播后适当镇压。苇状羊茅还可与白三叶、红三叶、苜蓿、沙打旺混播,建立人工草地。对水肥反应敏感,在返青和刈割后适时浇水,追施速效氮肥,可以提高产量和质量。年可刈割 3～4 次,每 667 平方米产鲜草 2 500～4 000 千克。种子成熟时易脱落,采种要在蜡熟期进行,每 667 平方米产种子 25～35 千克。

4. 品 种

我国栽培的苇状羊茅,经全国牧草品种审定委员会审定登记的品种有 2 个。一为江苏省沿海地区农业科学研究所申报,原华东农业科学研究所于 20 世纪 50 年代初将从美国引入的苇状羊茅转引至苏北盐土区试验,经多年栽培驯化而形成的地方品种盐城牛尾草(苇状羊茅);另一个是湖北省农业科学院畜牧兽医研究所 1980 年从美国引入的法恩苇状羊茅。这两个品种均适应在我国温带和亚热带地区栽培,如河北、山东、江苏、湖北、江西等省。

5. 营养价值和利用

茎叶干物质中含粗蛋白质 15.4%,粗脂肪 2%,粗纤维 26.6%,无氮浸出物 44%,粗灰分 12%,其中钙 0.68%,磷 0.23%。饲草较粗糙,品质中等,适宜刈割青饲、调制干草,亦适于放牧。草食家畜均喜采食。某些苇状羊茅品种感染内生

图 29　苇状羊茅

菌,会产生毒素,使长期放牧的牛发生牛尾草足病,牛四肢僵直疼痛,行动迟缓,拒食,体重下降。内生菌通过种子传播,故宜选用未感染病菌的种子播种。

（十八）草地羊茅

1. 分布和适应性

草地羊茅，又名牛尾草。原产于欧亚大陆，在世界温暖湿润地区大面积种植，我国暖温带及亚热带的华北、华中及山东、江苏省有栽培。喜温暖湿润气候，耐寒、耐热，在长江流域夏季炎热地区能够越夏，耐湿，能耐一定时期的水淹，适宜年降水量 600～800 毫米的地区生长。对土壤的适应性较广，最宜在肥沃的粘壤土上生长，亦有一定的耐瘠薄、耐盐碱能力，在酸性土壤上也可正常生长。

2. 形态特征

草地羊茅为禾本科羊茅属多年生草本植物。同苇状羊茅形态很相似，植株较苇状羊茅低矮。圆锥花序，每节 1 个分枝。为须根系。茎直立，疏丛型，高 70～120 厘米。叶长 15～20 厘米，宽 0.6～1 厘米。圆锥花序，疏散，上部下垂，长 10～20 厘米，每小穗有花 5～7 朵。种子千粒重 1.7 克。

3. 栽培技术

播前耕翻整地，每 667 平方米施入农家肥作底肥。宜秋播，条播行距 20～30 厘米，播深 2～3 厘米，播后镇压，以利出苗。播种量每 667 平方米 1～1.3 千克。常与猫尾草、鸡脚草、黑麦草、苜蓿、白三叶等牧草混播。每年可刈割 3～4 次，每667 平方米产鲜草 2500～3000 千克，种子田每 667 平方米播种量 1 千克，每 667 平方米产种子 50 千克。

4. 营养价值和利用

茎叶干物质中含粗蛋白质 12.3%，粗脂肪 5.6%，粗纤维25.7%，无氮浸出物 47.7%，粗灰分 8.7%。草质略粗糙，早期各种草食家畜均喜食。尤其适于喂牛。可用于青饲、调制干草和青贮,亦适于放牧利用。

(十九)紫 羊 茅

1. 分布和适应性

紫羊茅,又名红狐茅。原产于欧亚大陆及非洲北部,现广泛分布于世界温带地区。我国东北、华北、西北、西南等地均有野生。喜冷凉湿润的气候条件,适宜在高山地带生长。抗寒,在我国东北大部地区及新疆都能安全越冬。在北京种植不耐夏季炎热气候,多数品种越夏有死苗现象,死苗率一般在20%～30%,生长2～3年后越夏死苗更甚,但春秋季节生长旺盛。紫羊茅有一定的耐阴性,在疏林地带生长良好,亦较耐瘠薄和干旱,适应性较强,分蘖力也强,容易建成密集的草地。

2. 形态特征

紫羊茅为禾本科羊茅属多年生草本植物。具纤细的须根系和短根茎。疏丛型,茎直立或斜生,高30～60厘米。基生叶纤细密集,形成低矮的下繁草,叶片对折或内卷呈线形,叶背光滑,叶表有茸毛,绿色或深绿色,长20～30厘米,宽0.2～0.5厘米。圆锥花序窄长稍下垂,长10～15厘米,分枝较少,开花时散开,小穗含小花3～6朵。外稃披针形,具小短芒。种子千粒重0.73克。

3. 栽培技术

播前要精细整地,施入农家肥作底肥,可春播、秋播,亦可雨季播种,华北地区一般以秋播为宜。条播行距15～30厘米,播深1～2厘米。播种量每667平方米1～1.5千克。还可与红三叶、白三叶、多年生黑麦草等混播,建立高质量的放牧草地。

4. 营养价值和利用

茎叶干物质中含粗蛋白质21.1%,粗脂肪3.1%,粗纤维

24.6%，无氮浸出物 37.6%，粗灰分13.6%，其中钙 0.76%，磷 0.21%。在各个生长期草质都很优良，营养价值高，适口性好，草食家畜均喜采食。最适混播建植人工草地，供放牧利用。

紫羊茅是优良的草坪草，叶片纤细，草层低矮密集，早春返青早，秋天枯萎晚，绿色期长，适宜建植草坪绿地。

(二十)羊 茅

1. 分布和适应性

羊茅，又名酥油草。原产欧亚大陆，广泛分布于世界温带地区。我国西北、西南的高山地区亚高山地，东北和内蒙古草原，四川西部海拔 2800～4700 米的高原地区均有分布。为中旱生植物，抗寒性强，可耐初冬的低温霜冻，能抗－30℃的低温，冬季能以绿色体在雪下越冬。在中等湿润或稍干旱的土壤上生长良好，对土壤的适应性较广，在草毡土、黑毡土及山地棕壤生长良好，较耐瘠薄，但在肥沃的土壤上生长最繁茂。

2. 形态特征

羊茅为禾本科羊茅属多年生草本植物。为须根系。秆细弱，直立或斜生，高 15～35 厘米，分 2～3 节。叶片内卷成针状，质地柔软，基生叶长 5～12 厘米，茎上叶 2～6 厘米。圆锥花序，紧缩，长 5～10 厘米，小穗绿色或紫色，长 4～6 毫米，含 3～6 朵小花。种子细小，千粒重 2.5 克。

3. 栽培技术

播前精细整地，施入农家肥和磷钾肥作底肥。春、夏、秋播均可，最宜秋播，条播行距 30 厘米，播深 1～2 厘米，播种量每 667 平方米 0.5～1 千克。苗期生长缓慢，应及时中耕除草。可与白三叶、草地早熟禾等混播，建立人工草地，供放牧利用。亦可与紫羊茅、苇状羊茅、草地早熟禾、多年生黑麦草等以不同混播组合建植各种草坪绿地及运动场草坪。

4. 营养价值和利用

茎叶干物质中含粗蛋白质 13.4%，粗脂肪 2.6%，粗纤维 39.6%，无氮浸出物 33%，粗灰分 11.4%，其中钙 1.23%，磷 0.59%。茎秆柔细，叶量丰富，适口性好，草食家畜均喜食，营养价值高，牧民称为"上膘草"、"酥油草"。羊茅是优良的草坪草，叶细，株矮，草层密集，可以作为草坪建植中的混播草种。

(二十一)䅟草

1. 分布和适应性

䅟草，又名草芦、草苇。广泛分布在欧洲、亚洲及北美洲等地区。我国主要分布于东北、华北、华中、华东等地。生长在河、湖边沿及排水不良的下湿地、河漫滩地带，适宜湿润和半湿润气候条件。耐涝，成株可耐水淹 49 天。亦较耐旱。耐寒，冬季极端最低气温 -17℃ 可安全越冬。对土壤要求不严，各类土壤均可生长，但在粘土和粘壤土上生长最好。耐盐性较差。

2. 形态特征

䅟草为禾本科䅟草属多年生草本植物。为须根系，具短根状茎，可形成密实的草皮。茎直立、丛生，株高 70~130 厘米。叶片宽大，扁平，长 10~25 厘米，宽 0.6~1.6 厘米。圆锥花序，长 8~20 厘米，开花时开展，花后紧缩为穗状，小穗长 4~6 毫米，含 3 朵小花，下方两朵退化不育，顶生一朵两性花。种子为颖果，卵形，灰黄色或浅棕色，有光泽，千粒重 0.85 克。见图 30。

3. 栽培技术

播前精细整地。可春播亦可秋播。条播行距 30~40 厘米，播深 2~3 厘米，每 667 平方米播种量 1~1.5 千克。亦可无性

图30 䕟草

繁殖,行距 40 厘米,穴距 30 厘米,每穴栽 3～4 个分蘖,栽后浇足水,很易成活。建植多年的䕟草草地,由于根状茎在表层密集,致使长势衰退,可用犁或圆盘耙切断部分根茎,疏松土层,施入肥料,促使草地更新。

4. 品　种

经全国牧草品种审定委员会审定登记的䕟草品种只有一个,即内蒙古哲里木畜牧学院草原系以内蒙古哲里木盟查金台牧场提供的䅟草种子为原始材料,经混合选择和轮回选择选育而成的通选 7 号草芦。该品种适应地区为内蒙古东部及吉林、辽宁等省。

5. 营养价值和利用

䅟草植株高大,生长繁茂,再生性好,产量高,年可刈割3~4 次,鲜草产量每 667 平方米 2000~4000 千克。草食家畜喜采食。抽穗期茎叶干物质中含粗蛋白质 16%,粗脂肪 3.4%,粗纤维 25.5%,无氮浸出物 42.8%,粗灰分 12.3%,其中钙 0.63%,磷 0.26%。利用适期为抽穗前,如延迟收获,则草质粗硬,营养价值及适口性差。茎叶含有生物碱,可使羊中毒,宜与豆科牧草或其他禾本科草建植混播草地或与多种饲草混合饲喂,以预防中毒。

(二十二)喜湿䅟草

1. 分布和适应性

喜湿䅟草原产于南欧和地中海地区。我国 20 世纪 70 年代引种。适宜在长江流域以南高海拔地区种植。喜凉爽湿润气候条件,可在夏季干燥,冬季湿润,年降水量 380~760 毫米的地区种植。耐寒、耐旱、耐水淹,在干旱炎热的夏季能良好地越夏。对土壤要求不严,在肥沃有灌水条件的地区生长最好,也较耐酸性土壤。

2. 形态特征

喜湿䅟草为禾本科䅟草属多年生草本植物。须根系,具短根状茎,茎直立、粗壮、高大,一般高 100~130 厘米,粗 0.3~0.5 厘米。叶片带状,长 20~30 厘米,宽 0.6~2 厘米。圆锥花序,紧密,长 10~15 厘米,小穗有 3 朵小花,下方两朵不育,上方一朵为两性花。种子灰黄色,千粒重 1.1 克。

3. 栽培技术

喜湿藕草的栽培技术与藕草相同。

4. 营养价值和利用

拔节期茎叶干物质中含粗蛋白质13.9%,粗脂肪 4.2%,粗纤维 27.5%,无氮浸出物 37.2%,粗灰分 17.2%。营养生长期叶量多,柔嫩多汁,适口性好,草食家畜均喜食。适宜刈割青饲及放牧。抽穗后刈割,其茎秆多而粗老,营养价值降低。植株含生物碱,可引起羊中毒,产生昏眩和突然死亡。可与豆科牧草或其他禾本科草混合饲喂,或在夏秋季给牲畜补充微量元素钴,以预防中毒。

(二十三)猫 尾 草

1. 分布和适应性

猫尾草,又名梯牧草。原产欧亚大陆,分布遍及整个温带。我国东北、西北、华北等地也有种植。喜冷凉湿润气候条件,抗寒性强,在寒温带地区可以越冬。最适生长温度为 18℃～21℃,种子在地温 3℃～4℃时即可萌发。不耐高温干旱,夏季往往生长不良,宜在年降水量 750～1000 毫米的地区种植。耐微酸性土壤,适应多种类型土壤,但以肥沃的壤土、粘土生长最好。

2. 形态特征

猫尾草为禾本科猫尾草属多年生草本植物。为须根系,疏丛型,茎基部有球状短根茎。茎秆直立,高 70～100 厘米,分 7～8 节。叶片扁平,长 10～30 厘米,宽 0.3～0.8 厘米,叶鞘松弛,着生于节间。圆锥花序呈圆柱状,长 5～15 厘米,宽 0.5～0.6 厘米,小穗长圆形,含 1 朵小花。颖果细小、圆形,千粒重 0.36 克。

3. 栽培技术

播前必须很好地整地,每 667 平方米施农家肥 1 000 千克作底肥。夏播可在 6～7 月间,秋播宜在 8 月中下旬到 9 月上旬,播种量每 667 平方米 0.3～0.5 千克。条播行距 20～30 厘米,播深 1～2 厘米,覆土后镇压。猫尾草宜和红三叶混播,亦可同黑麦草、鸭茅、牛尾草、苜蓿等混播。青海种植第一年每 667 平方米产干草 250～500 千克,第二年产干草 400～800 千克。

4. 品 种

经全国牧草品种审定委员会审定登记的猫尾草品种只有一个,即甘肃省饲草饲料技术推广总站申报的岷山猫尾草。该品种是甘肃省岷山种畜场 1941 年从美国引入栽培,逸生山野,1979 年搜集逸生种,经系统整理、栽培试验,在陇南洮岷山区推广。适应甘肃陇南、天水、临夏地区温凉湿润气候区域及全国类似地区种植。

5. 营养价值和利用

开花期猫尾草干物质中含粗蛋白质 7.5%,粗脂肪 1.9%,粗纤维 32%,无氮浸出物 52.3%,粗灰分 6.3%。最适宜刈割调制干草,是骡、马、牛的良好饲料,但羊不太喜食。再生草及混播草地适宜放牧,亦可青饲及青贮。

(二十四)野 大 麦

1. 分布和适应性

野大麦,又名大麦草、莱麦草、野黑麦。主要分布在我国东北、华北、西北以及四川、西藏等省(自治区)低湿盐碱地上。吉林、内蒙古、河北、甘肃、青海等省(自治区)已有人工栽培。适宜生长在半湿润半干旱地区,适应性强,耐旱,亦较耐瘠薄。在内蒙古锡盟、青海省都能安全越冬。对土壤要求不严，适应 pH 值 8.3～9.5的微碱性土壤。耐盐性较强，是下湿地、滩地及湖畔碱湿地带的主要草种。

2. 形态特征

野大麦为禾本科大麦属多年生草本植物。为须根系，具短根茎。茎直立或基部膝曲，疏丛型，株高 40～90 厘米，光滑，2～3 节。叶线形，灰绿色，长 5～15 厘米，宽 2～6 毫米。穗状花序，狭圆筒形，长 5～10 厘米，绿色，成熟时带紫色，穗轴每节着生 3 个小穗，两侧小花不孕或为雄性，中间的为两性。颖果黄褐色，有短芒，种子千粒重 2 克。见图 31。

3. 栽培技术

耕翻土地，施入农家肥作底肥，耙耱保墒。秋播宜在 8 月下旬

图 31　野大麦

1. 植株　2. 花序之一节　3. 小花　4. 颖果

到 9 月上旬，东北等寒冷地区可夏播，多在 7 月份进行。播种量每 667 平方米 1～1.7 千克，条播行距 15～30 厘米，播深 2～3 厘米，播后适当镇压。苗期中耕除草 1～2 次。种子成熟

时易断穗脱落,应在 60%～70% 的种子成熟时采收,在旱作条件下,每年刈割 1 次,每 667 平方米产干草 474 千克,在吉林省二年生草地每 667 平方米产干草 530～660 千克。

4. 品 种

经全国牧草品种审定委员会审定登记的野大麦品种只有 1 个,即河北省张家口市草原畜牧研究所申报的察北野大麦。原始材料采自河北坝上天然盐渍化草地的野生种,经多年栽培驯化选育而成。适宜在河北北部、内蒙古东南部、吉林、黑龙江、辽宁、甘肃等地种植。

5. 营养价值和利用

开花期茎叶干物质中含粗蛋白质 11.2%,粗脂肪 2.8%,粗纤维 41.9%,无氮浸出物 35.8%,粗灰分 8.3%。草质柔软,适口性好,草食家畜都喜采食,春秋季绵羊特别喜食。适宜放牧,亦适宜调制干草。

(二十五)星 星 草

1. 分布和适应性

星星草,又名小花碱茅。分布于欧亚大陆的温带地区,我国辽宁、吉林、黑龙江、内蒙古、河北、甘肃、青海、新疆等地有野生分布。喜湿润和盐渍性土壤,耐寒、耐旱、耐盐碱。在青海省海拔 3700 米的高寒地区,冬季极端最低温达 −36℃,又无积雪覆盖的情况下,可以安全越冬。干旱时叶片内卷可减少水分散失。在土壤 pH 值 8.8 的盐碱土中生长良好。

2. 形态特征

星星草为禾本科碱茅属多年生草本植物。须根发达,入土深。茎直立或基部膝曲,野生状态高 30～50 厘米,栽培种 60～90 厘米,分 3～4 节。叶条形,长 3～8 厘米,宽 1～3 毫米,内

卷,有茸毛。圆锥花序,开展,长 8～20 厘米,每节分枝 2～5
条,小穗长 3～4 毫米,含 3～4 朵小花。颖果纺锤形,长 1～2
毫米,紫褐色,千粒重 0.6～0.7 克。见图 32。

图 32 星星草

3. 栽培技术

播前需精细整地,施足底肥,深翻、耙耱压实,春、夏、秋都
可播种,东北地区 7 月下旬至 8 月上旬为宜,过晚影响幼苗越

冬和翌年产量。播种量每 667 平方米 0.25~0.5 千克,行距 15~30 厘米,播深 1~2 厘米,播后适当镇压。旱作条件下,年可刈割 1~2 次,每 667 平方米产干草 200~250 千克。

4. 品 种

经全国牧草品种审定委员会审定登记的星星草品种只有 1 个,即吉林省农业科学院畜牧分院草地研究所申报的白城小花碱茅。原始材料为吉林省白城地区重盐碱地野生种,经多年栽培驯化、人工筛选而成。该品种可在东北、西北、华北等不同类型的盐碱地栽培。

5. 营养价值和利用

抽穗期鲜草干物质中含粗蛋白质 16.2%,粗脂肪 2.5%,粗纤维 30.7%,无氮浸出物 44.1%,粗灰分 6.5%,其中钙 0.38%,磷 0.15%。茎叶柔软,叶量丰富,适口性好,草食家畜均喜采食,饲用价值高。可刈割青饲、调制干草,亦可放牧。

(二十六)朝鲜碱茅

1. 分布和适应性

朝鲜碱茅广泛分布于我国东北、华北、西北各地。吉林省西部最早栽培,用以改良已退化为碱斑的羊草草甸草原,并已推广至黑龙江、甘肃、新疆、内蒙古等地,是改良盐碱地的优良牧草。抗盐碱能力很强,土壤 pH 值 9~10 时仍可生存。喜湿润,亦能耐干旱,但在严重干旱时发育较差,株丛外围只有少数分蘖萌发,生长良好,而株丛内的分蘖则很少萌发。有时与星星草混生成为盐化草甸。

2. 形态特征

朝鲜碱茅为禾本科碱茅属多年生草本植物。为须根系。茎秆直立或膝曲上升,高 50~70 厘米,2~3 节。叶片线形,扁平或内卷,长 3～9 厘米,宽 2～3 毫米。圆锥花序,开展,长 10～15 厘米,每节有 2～5 个分枝,小穗长圆形,长 4.5～6 毫米,含 4～7 朵小花。种子千粒重 0.13 克。

3. 栽培技术

在盐碱地或碱斑地上种植,最好选择低湿平坦、有季节性临时积水而含盐量较低的地方,春季提前整地压碱。播种期宜在雨季到来以后,以便利用雨季水分使表层土壤淋溶,降低含盐量,促使发芽出苗。在有灌溉条件的地方,则可春季播种,播后浇水。春季昼夜温差大,在变温条件下有利于种子的萌发。适宜开沟条播,行距 45～60 厘米,沟深为 8～10 厘米,在沟内或沟边播种。每 667 平方米播种量 1～2 千克。覆土深 0.5～1 厘米,土壤湿润可不用覆土,保持原沟以利沟内积水,促进发芽和出苗。苗期和生长第一年,因扎根浅,生长较弱,应注意保护管理,不宜放牧。

4. 品　种

我国栽培的朝鲜碱茅,经全国牧草品种审定委员会审定登记的品种有 2 个。一为吉林省农业科学院畜牧分院草地研究所申报的白城朝鲜碱茅,原始材料为吉林省西部白城地区重盐碱地野生种,经长期栽培驯化人工选择而成;另一个是吉林省农业科学院畜牧分院草地研究所以野生朝鲜碱茅 4 个优良株系及综合材料为原始材料,采用系统选育方法育成的新品种吉农朝鲜碱茅。该品种保持了野生朝鲜碱茅耐盐碱、抗寒、耐旱的特点,又改变了原野生朝鲜碱茅需变温发芽和发芽期长的不良特性,在 15℃(±2℃)条件下,7 天发芽率由原种 5% 提高到 75%,适宜在昼夜温差小于 10℃ 的 7～8 月份雨季播种,是改良盐碱退化草地的优良牧草品种。上述两品种均适于我国东北、华北、西北地区碳酸盐盐土、氯化物盐土和硫酸盐盐土等类型盐碱地种植。

5. 营养价值和利用

种子成熟期鲜草干物质中含粗蛋白质6.6%,粗脂肪1.8%,粗纤维33.2%,无氮浸出物53.7%,粗灰分4.7%,其中钙0.18%,磷0.13%。为泌盐植物,富含咸味,茎叶纤细柔嫩,草食家畜均喜食。早春返青早,晚秋凋萎晚,对放牧牲畜早春复膘和晚秋保膘有利。适宜放牧利用,亦可刈割调制干草,每667平方米产干草200~250千克。

(二十七)大 米 草

1. 分布和适应性

大米草原产英国南海岸,法国有天然分布。我国1963年引进,现北起辽宁省锦西县,南至广东省电白县,约五六十个沿海县海滩上都已种植成功。

大米草具有很强的耐盐、耐淹特性,在含盐量为3.5%的海水中及含盐量2%的土壤的中潮间带,能够生长良好。耐碱性强、耐水淹,每次潮水淹没6小时以内,能保持正常生长。耐淤,随淤随长,但不能全部淤埋。大米草能耐高温,在水分充足时可经受40.5℃~42℃的草丛气温。耐寒,在辽宁锦西县冬季平均气温-20℃,最低气温-25℃的条件下可以越冬。也能生长在淡水、淡土、泥滩及沙滩地上。但不耐倒春寒。适生于海滩潮间带的中潮带,但在风浪太大的侵蚀滩面,不能扎根。每667平方米产鲜草1000~2000千克。

2. 形态特征

大米草为禾本科米草属多年生草本植物。具根状茎,须根系,密布于30~40厘米深的土层中。茎直立,高20~50厘米,最高可达100厘米。叶片狭披针形,长20~30厘米,宽7~15

毫米,光滑,有蜡质,两面均有盐腺。总状花序,长 10～20 厘米,小穗披针形,种子成熟时易脱落,结实率低。颖果长 1 厘米,千粒重 8.57 克。见图 33。

图 33 大米草

3. 栽培技术

宜选择海滩中潮带栽培。常采用无性繁殖,将整株挖出,每 5～6 个分蘖为一丛,株行距 2 米×3 米或 3 米×5 米,栽深 6～10 厘米。亦可在大缸或水田育苗,然后分株移栽,栽植时间应在每月小潮转大潮时,即农历 11～12 日或 27～28 日进行,以便栽后连续 5 天以上有水淹,以保幼苗成活。

4. 营养价值和利用

茎叶干物质中含粗蛋白质 9.9%,粗脂肪 3%,粗纤维 23.6%,无氮浸出物 48.5%,粗灰分 15%。嫩叶及地下茎有甜味,马、牛、羊等草食家畜喜食,猪、兔、鹅、鱼亦喜食。叶的比例较高,茎叶比为 1:2.1~3.5。在江苏、浙江沿海可全年放牧。亦可调制干草或青贮。饲喂鲜草,宜多给家畜饮水。

(二十八)草地早熟禾

1. 分布和适应性

草地早熟禾,又名六月禾、蓝草、草原莓系、长叶草等。原产欧洲、亚洲北部及非洲北部,后引到北美洲,现遍及全球温带地区。我国华北、西北、东北地区都有野生分布,并已广泛栽培。喜冷凉湿润气候。抗寒性很强,在暖温带及中温带均可安全越冬。在东北地区有雪覆盖的情况下,可经受 -22℃~ -40℃的低温。在华中、华东及亚热带北缘地区,春秋生长良好,在炎热的夏季生长停滞,部分植株死亡,若注意浇水等管理措施,仍可以越夏。对土壤要求不严,但最宜在土层较厚排水良好的壤质或粘壤质土壤上生长。

2. 形态特征

草地早熟禾为禾本科早熟禾属多年生草本植物。为须根系,有根状茎。茎直立或斜生,高 40~60 厘米,2~3 节。叶窄条形,光滑,浅绿到深绿色,长 6~18 厘米,宽 3~4 毫米。基生叶密集,常形成厚密的草丛。圆锥花序,长 6~20 厘米,由 7~9 节组成,每节 3~4 个分枝,小枝上有 2~4 个小穗,每穗 2~4 朵小花。种子为颖果,纺锤形,长约 2 毫米,千粒重 0.29~0.37 克。见图 34。

3. 栽培技术

可用种子繁殖，也可用根茎、分蘖行无性繁殖。用种子直播时，关键是精细整地，做到土壤细碎，地面平整压实。播期可在秋季或春季，华北地区以秋播为宜，一般在 8 月中旬至 9 月中旬之间。春季播种宜早，使幼苗躲过高温干旱天气。建立人工放牧草地，可撒播或条播，条播行距 30 厘米，每 667 平方米播种量 0.5～1 千克，播深 1～2 厘米。建植草坪可撒播，播种量每平方米 10 克左右。出苗期若遇土壤干旱，要及时喷水，保持土壤

图 34 草地早熟禾
1. 植株 2. 小穗 3. 小花

湿润。无性繁殖，春、夏、秋季均可进行，将挖下的草皮分成小块，按株行距 20 厘米×20 厘米移栽后及时浇水即可成活。

4. 品　种

我国广泛栽培的草地早熟禾，大多是国外选育的品种。经全国牧草品种审定委员会审定登记的品种有 4 个，即内蒙古畜牧科学院草原研究所申报的大青山草地早熟禾，原始材料为采自内蒙古大青山蛮汉山地区野生种，经多年栽培驯化而

成。该品种耐寒、抗旱性强,适宜内蒙古及西北地区种植。中国农业科学院畜牧研究所和北京市园林局申报的瓦巴斯草地早熟禾,原种引自美国杰克琳种子公司,该品种较耐热,在北京、大连、兰州、上海、南京、杭州表现良好。甘肃农业大学申报的菲尔京草地早熟禾及肯塔基草地早熟禾,原种均引自国外,该品种耐寒性强,适宜我国北方各省区种植。

5. 营养价值和利用

茎叶柔软,营养丰富,是优良的放牧用草。茎叶干物质中含粗蛋白质 19.9%,粗脂肪 2.9%,粗纤维 24.6%,无氮浸出物 40.8%,粗灰分 11.8%。适口性好,草食家畜均喜食。草地早熟禾也是理想的草坪绿化草种,根茎性强,覆盖度好,绿色期长,可用其建植多种草坪绿地。

(二十九) 小 糠 草

1. 分布和适应性

小糠草,又名红顶草。原产于欧洲、亚洲及北美洲。我国温带、暖温带的东北、华北、西北以及亚热带的一些地区和长江流域均有野生,常为草甸、河漫滩、湿润谷地、沟地的优势群落。喜湿润气候,耐涝亦耐旱,抗寒性强,在高寒牧区能越冬。亦较耐热,在华北地区高温干旱的夏季能够良好越夏。小糠草对土壤要求不严,但在粘土及壤土上生长最佳。耐酸性土壤,在低钙质土壤上生长良好。

2. 形态特征

小糠草为禾本科剪股颖属多年生草本植物。为须根系,具地下根状茎。茎直立或斜生,高 90~150 厘米,分 5~6 节。叶片扁平,长 12~25 厘米,宽 3~6 毫米。圆锥花序,疏散开展,长 14~30 厘米,紫红色。穗轴的节上簇生分枝,分枝上着生的小穗长 2～2.5 毫米。种子细小,千粒重 0.1 克。

3. 栽培技术

播前精细平整土地,播种可春播或秋播。早播为宜,因幼苗弱小。早播有利于幼苗越夏和安全越冬。播种量每 667 平方米 0.5～0.7 千克,播深 1.5～2 厘米。苗期应注意清除杂草。亦可与白三叶、红三叶、猫尾草混播,建立混播人工草地。

4. 营养价值和利用

开花期鲜草干物质中含粗蛋白质 19.9%,粗脂肪 2.9%,粗纤维 24.6%,无氮浸出物 40.8%,粗灰分 11.8%。草质柔软,叶量丰富,适口性好,草食家畜均喜采食。利用期长,适宜建植放牧型人工草地。小糠草也是优良的草坪草,可用其建植高质量的庭院、街道及各种运动场草坪绿地。

(三十)鸭 茅

1. 分布和适应性

鸭茅,又名鸡脚草、果园草。原产于欧洲、北非及亚洲的温带地区。现已遍及世界温带地区。我国新疆、四川、云南等地有野生分布,湖北、湖南、四川、江苏等省有较大面积栽培。适宜温暖湿润的气候条件,抗寒性低于猫尾草和无芒雀麦,最适宜生长温度为 10℃～28℃。耐热性差,当温度在 30℃ 以上时生长受阻,但其耐热性和耐寒性都优于多年生黑麦草。对土壤的适应范围较广泛,但在肥沃的壤土或粘壤土上生长最为繁茂。耐阴性强,阳光不足或在遮蔽条件下生长正常,适宜混播及在疏林地或果园中种植。

2. 形态特征

鸭茅为禾本科鸭茅属多年生草本植物。为须根系。茎直立或基部膝曲,疏丛型,高 70～120 厘米。叶片蓝绿色,幼叶呈折叠状。基部叶片密集下披,长20～30厘米,宽0.7～1.2厘米。圆锥花序,开展,长5～20厘米,小穗聚集于分枝的上端,含2～5朵小花。种子为颖果,黄褐色,长卵圆形,千粒重1～1.2克。见图35。

3. 栽培技术

播前需要精细整地,播种期可在秋季或春季,秋播不迟于9月下旬,春播在3月下旬。条播行距30厘米,播种量每667平方米0.75～1千克。还可与白三叶、红三叶、多年生黑麦草、苇状羊茅等混播,建植混播草地。对肥料敏感,在生长季节及刈割后追施速效氮肥,可明显提高产草量。年可刈割3～4次,每667平方米产鲜草2000～3000千克。

图35 鸭茅

1. 植株 2. 花序 3. 小穗
4. 小花 5. 种子

4. 品 种

我国栽培的鸭茅,经全国牧草品种审定委员会审定登记的品种有2个。一为四川省古蔺县畜牧局申报的古蔺鸭茅,原始材料采自四川省古蔺县箭竹苗族乡海拔1 750米的徐家林林场,经引种栽培试验,人工选育而成;另一个是四川农业大学申报的宝兴鸭茅,原始材料采自四川省宝兴县及附近地区草山草坡和林间草地,经栽培驯化,混合选育而成。上述两品种均适宜四川盆地周边地区丘陵、平坝和山地温凉地区及云南、贵州、湖北、湖南、江西山区栽培。

5. 营养价值和利用

抽穗期茎叶干物质中含粗蛋白质 12.7％,粗脂肪 4.7％,粗纤维 29.5％,无氮浸出物 45.1％,粗灰分 8％。草质柔软,营养丰富,适口性好,是草食畜禽和草食性鱼类的优质饲草。适宜青饲、调制干草或青贮,亦适于放牧利用。

(三十一)多年生黑麦草

1. 分布和适应性

多年生黑麦草,又名宿根黑麦草。原产于西南欧、北非及亚洲西南部,广泛分布于欧洲、美洲的北部和南部温带地区、新西兰和澳大利亚。我国长江流域以南的中高山区及云贵高原等地有大面积栽培。适合温暖、潮湿的温带气候,在年降水量 1000～1500 毫米,冬无严寒、夏无酷暑的地区生长良好。生长最适温度为 20℃～25℃。不耐炎热,35℃以上生长受阻。难耐—15℃的低温。在肥沃、湿润、排水良好的壤土和粘土地生长最好,水分充足而适当施肥的沙质土壤亦生长良好。在我国东北、内蒙古等地不能越冬,在南方夏季高温条件下不能越夏。

2. 形态特征

多年生黑麦草为禾本科黑麦草属草本植物。须根发达,根系浅,主要分布于 15 厘米的表土层中。茎秆直立,光滑,中空,高 80～100 厘米。疏丛型,分蘖众多。叶片长 5～15 厘米,宽 3～6 毫米,叶面有光泽。穗状花序,长 20～30 厘米。每穗有小穗 15～25 个,小穗长 10～14 厘米,有小花 7～11 朵,结种子 3～5 粒。种子无芒,千粒重 1.5～1.8 克。见图 36。

3. 栽培技术

结合翻耕整地，每667平方米施农家肥1500千克、磷肥20千克作底肥。最适宜秋播，于9～11月份播种，早播的当年冬季或翌年早春即可利用。也可春播，但秋播产量高。条播行距15～30厘米，播深1～2厘米，播种量每667平方米1～1.5千克，也可以撒播。与白三叶或红三叶混播，可建成高产优质的人工草地，播种量每667平方米用多年生黑麦草种子0.7～1千克，白三叶种子0.2～0.35千克或红三叶种子0.35～0.5千克。多

图36　多年生黑麦草
1. 植株株丛　2. 花序之一段　3. 侧生小穗

年生黑麦草分蘖能力强，再生速度快，刈割后及时追施速效氮肥，可大幅度提高产草量。每次刈割后追施氮肥10～20千克，年可刈割3～4次，每667平方米产鲜草3000～4000千克。采种田每667平方米产种子50～75千克。

4. 营养价值和利用

草质优良，营养价值高，适口性好，各种家畜均喜食。是饲

养马、牛、羊、猪、禽、兔和草食性鱼类的优良饲草。每 20～25 千克优质多年生黑麦草即可增重 1 千克草鱼。茎叶干物质中含粗蛋白质 17%，粗脂肪 3.2%，粗纤维 24.8%，无氮浸出物 42.6%，粗灰分 12.4%，其中钙 0.79%，磷 0.25%。适于青饲、调制干草和制作青贮或放牧利用。青饲宜在抽穗前或抽穗期刈割。调制干草或青贮可延至盛花期。放牧利用可在草层高 25～30 厘米时进行。留茬高 5～10 厘米。宜划区轮牧，及时清除杂草，适当追施氮肥和磷、钾肥，以保持草地有较高的生产水平并能持久利用。

（三十二）多花黑麦草

1. 分布和适应性

多花黑麦草，又名意大利黑麦草。原产于欧洲南部、非洲北部和西南亚，世界各温带和亚热带地区广泛栽培。我国长江流域及其以南地区种植较普遍。喜温暖湿润气候，在昼夜温度为 27℃/12℃时，生长速度最快。在潮湿、排水良好的肥沃土壤或有灌溉的条件下生长良好，不耐严寒和干热。夏季高温干旱，生长不良，甚至枯死。在长江流域低海拔地区秋季播种，第二年夏季即死亡。而在海拔较高、夏季较凉爽的地区，管理得当可生长 2～3 年。

2. 形态特征

多花黑麦草为禾本科黑麦草属一年生或越年生草本植物。须根系强大，主要分布在 15 厘米的表土层中。茎秆直立，光滑，株高 100～120 厘米。叶片长 10～30 厘米，宽 0.7～1 厘米，柔软下披，叶背光滑而有光亮。穗状花序，长 10～20 厘米，有小穗 15～25 个，每小穗有花 10～20 朵。种子为颖果，外稃有芒，芒长 6～8 毫米，这是区别于多年生黑麦草的主要特征。

发芽种子的幼根,在紫外线灯光下可发生荧光,而多年生黑麦草则无此现象。种子千粒重 2.2 克。见图 37。

图 37 多花黑麦草
1. 植株 2. 花序 3. 小穗 4. 种子

3. 栽培技术

播前耕翻整地,每 667 平方米结合施农家肥 1000 千克作底肥。宜秋播,行距 15～30 厘米,播深 1～2 厘米,每 667 平方米播种量 1～1.5 千克。也可与水稻轮作,秋季水稻收获前撒播多花黑麦草,或在水稻收割后立即整地播种。也可用紫云英与多花黑麦草混播,以提高产量和质量,为冬春提供优质饲草。第二年初夏,天气转热,即可刈割翻耕栽插水稻。还可与青饲、青贮作物如玉米、高粱等轮作,以全年供应牲畜所需饲料。多花黑麦草喜氮肥,每次刈割后宜追施速效氮肥。年可刈割3～6次,每667平方米产鲜草4000～5000千克。

4. 品 种

我国栽培的多花黑麦草品种,经全国牧草品种审定委员会审定登记的有7个。其中有江苏省盐城市地方品种盐城多花黑麦草,这是1946年从美国引进,经长期栽培驯化而形成适应当地环境条件的品种,在氯盐含量0.25％的盐土上生长良好;江西省畜牧技术推广站从伯克黑麦草中优选单株用秋水仙碱加倍后,又经^{60}Co－γ射线辐射种子选育而成的四倍体品种赣选1号多花黑麦草;江西省饲料研究所从二倍体多花黑麦草的自然变异中选择优良单株,经系统选育而成的四倍体品种赣饲3号多花黑麦草;上海农学院以美国俄勒冈产黑麦草和28号黑麦草通过辐射诱变在重盐圃中选育成的四倍体品种上农四倍体多花黑麦草。此外,还有从美国引进的阿伯德多花黑麦草以及从瑞士引进的勒普多花黑麦草等品种,都适宜在我国长江流域以南地区栽培。

5. 营养价值和利用

茎叶干物质中含粗蛋白质13.7％,粗脂肪3.8％,粗纤维21.3％,无氮浸出物46.4％,粗灰分14.8％。草质好,柔嫩多汁,适口性好,各种家畜均喜采食,适宜青饲、调制干草或青贮,亦可放牧。是饲养马、牛、羊、猪、禽、兔和草食性鱼类的优质饲草,每投喂20～22千克优质多花黑麦草鲜草即可增重1千克草鱼和鳊鱼等草食性鱼类。是草食性鱼类秋季和冬春季利用的主要牧草。适宜刈割期:青饲为孕穗期或抽穗期;调制干草或青贮为盛花期;放牧宜在株高25～30厘米时进行。

(三十三)杂交黑麦草

1. 分布和适应性

杂交黑麦草,又名短期轮作黑麦草。为多年生黑麦草与多花黑麦草种间的杂交种,这两种草极易天然杂交。新西兰在1943年育成了杂交黑麦草的新品种。把亲本多年生黑麦草的持久性与意大利黑麦草的生长繁茂、多叶和冬季产量高等特性结合在一起。在新西兰和澳大利亚的温带和亚热带地区广泛栽培。我国已引种栽培。适宜种植在气候温和、年降水量700毫米以上或有灌溉条件的肥沃土壤上。杂交黑麦草所要求的生长环境条件与两亲本的要求相同。

2. 形态特征

杂交黑麦草的形态介于亲本多年生黑麦草和多花黑麦草之间。种子比多年生黑麦草大,但比多花黑麦草小。有芒或无芒。种子千粒重2克。

3. 栽培技术

适宜秋播,播前耕翻整地,每667平方米施农家肥1000千克和磷肥20千克作基肥。条播或撒播均可。播种量每667平方米1.2~1.3千克。可用于建植短期刈割或放牧草场,利用期一般2~3年,在良好的条件下,可持续4~5年。与红三叶混播,可提高产量和质量。混播的播种量,每667平方米用杂交黑麦草种子0.8千克,红三叶种子0.4千克。年可刈割3~4次,每667平方米产鲜草4000~5000千克。每次刈割后应及时追施速效氮肥,以保持较高的产量。

4. 营养价值和利用

杂交黑麦草的营养成分与多花黑麦草相近。不仅是草食家畜的优质饲草,也是草食家禽鹅及草食鱼类的优质饲料。适于刈割青饲、调制干草或青贮及放牧利用。在放牧或刈割后草地能迅速恢复。但在夏季干旱条件下则不宜重牧,以免影响草场的持久性。

(三十四)苏 丹 草

1. 分布和适应性

苏丹草原产于非洲的苏丹,广泛分布于温带和亚热带。亚、非、欧、美和大洋洲都有分布。我国东北、华北、西北和南方各地都有栽培。为喜温植物,种子发芽的最适温度为 $20℃\sim 30℃$,最低温度为 $8℃\sim 10℃$。在适宜温度条件下播后 $4\sim 5$ 天即可出苗。不耐霜冻,霜冻后枯死。生长期需充足的水分,但根系发达,抗旱力强。对土壤要求不严,但以排水良好、富含有机质的黑钙土和栗钙土为好。耐酸性和耐盐碱力均较强,在红壤、黄壤及轻度盐渍化土壤上都能种植。

2. 形态特征

苏丹草为禾本科高粱属一年生草本植物。须根系强大。株高 $2\sim 3$ 米,茎圆形,光滑,茎粗 $0.8\sim 2$ 厘米,近地面茎节常产生不定根。分蘖能力强,有分蘖 $20\sim 30$ 个。叶片宽线形,长达 60 厘米,宽约 4 厘米。圆锥花序,疏散,长 $30\sim 80$ 厘米,小穗对生,结实小穗无柄,不结实小穗有柄,为只有雄蕊的单性花。种子为颖果,卵形,略扁平,紧密着生在护颖内,黄色、棕褐色或黑色,千粒重 $9\sim 10$ 克。见图 38。

3. 栽培技术

苏丹草消耗地力较重,不宜连作,在饲料轮作中宜安排在青刈大豆、青刈麦类作物之后。结合耕翻整地每 667 平方米施用 1500 千克厩肥作底肥。当表土 5 厘米处地温稳定到 $10℃\sim 12℃$ 以上时即可播种。条播行距 $45\sim 50$ 厘米,播深

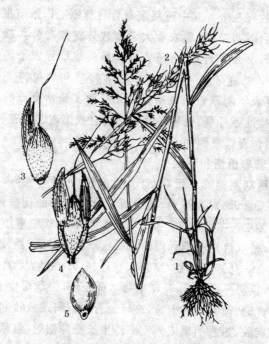

图38 苏丹草

1. 株丛的一个分蘖枝 2. 花序分枝一段 3. 孪生小穗(背面)
4. 穗轴顶端共生的三小穗(腹面) 5. 种子(颖果)

3~4厘米，每667平方米播种量1~2千克。苗期注意中耕除
草，干旱时适当灌溉。刈割后每667平方米追施氮肥10千克，
以提高再生草产量。年可刈割2~3次，每667平方米产鲜草
3000~5000千克。留种田行距60厘米，每667平方米播种量
0.5~1千克。当多数主枝种子成熟即可收获，每667平方米
产种子50~150千克。

4. 品 种

我国栽培的苏丹草品种，经全国牧草品种审定委员会审

定登记的有 6 个。其中有新疆奇台县草原工作站申报的地方品种奇台苏丹草;新疆农业大学畜牧分院和奇台县草原站育成的新苏 2 号苏丹草;内蒙古乌拉特前旗草籽繁殖场和巴彦淖尔盟草原站育成的乌拉特 1 号苏丹草和乌拉特 2 号苏丹草;宁夏农学院草业研究所及宁夏草原实验站育成的宁农苏丹草和盐池苏丹草。上述各品种均适宜我国南北各省、自治区栽培,用作青饲或调制干草。

5. 营养价值和利用

抽穗期刈割的苏丹草,营养价值较高,适口性好,草食家畜均喜采食,同时是草鱼、鳊鱼等草食性鱼类的优质饵料,饵料系数为 25～30,即 25～30 千克苏丹草青草增重 1 千克优质草鱼,是草鱼夏秋季利用的主要牧草。其茎叶干物质中含粗蛋白质 15.3%,粗脂肪 2.8%,粗纤维 25.9%,无氮浸出物 47.2%,粗灰分 8.8%。开花期后茎秆变硬,饲草质量下降。茎叶适宜青饲、调制优质干草,亦可制青贮饲料或放牧利用。苗期含氢氰酸,如遇干旱或天气寒冷生长受抑制时,氢氰酸含量较高,有引起放牧牲畜中毒的危险。当植株高达 50～60 厘米以上时放牧,或刈割后稍加晾晒,即可避免牲畜中毒。

(三十五)拟 高 粱

1. 分布和适应性

拟高粱主要分布在华南。1978 年福建农学院从野生种引入栽培成功,已推广到浙江、江苏、广东、广西、云南、贵州等省(自治区),此外,东南亚也有分布。喜高温多雨气候,日平均温度 25℃～35℃时,生长旺盛,日最高温达 40℃时亦能适应。遇霜冻仅地上幼嫩部位枯萎,当气温降至－7℃时全株及地下根状茎即冻死。适宜在低海拔、疏松的酸性红壤上生长。在湿润的条件下生长良好。亦耐干旱,耐贫瘠,在有机质极少的板结红壤上亦能生长。

2. 形态特征

拟高粱为禾本科高粱属多年生草本植物。须根发达,茎基部有较粗长的不定根。有根茎,分为横茎和竖茎,前者长,后者短,直径1~2厘米,节间长1~4厘米,节上着生侧芽。茎秆直立,高2~3米,茎粗0.8~1.5厘米,分8~13节。分蘖力强,可达30~40个。叶片条状,披针形,长20~120厘米,宽2~3.5厘米。圆锥花序,直立、松散,长20~30厘米,分枝轮生。种子棕黄色,千粒重3.7克。

3. 栽培技术

耕翻整地,每667平方米施农家肥1 000千克或复合化肥15千克作基肥。宜春播,条播行距50厘米,播深1~2厘米,每667平方米播种量0.5~1千克。穴播,穴距30厘米×40厘米,每穴播种子3~4粒。播前种子用温水浸种24小时,可促进发芽和出苗。苗期生长缓慢,注意中耕除草。也可用根茎和茎秆无性繁殖,选粗壮根茎或茎秆,3~4节为一段,按行距50厘米,株距30厘米栽植,栽后浇水,保持土壤适当水分即可成活。当株高达1~1.2米时即可刈割,留茬高10~20厘米,每次刈割后每667平方米追施速效氮肥5千克,以利再生。年可刈割4~5次,每667平方米产鲜草约5 000千克。

4. 营养价值和利用

抽穗前茎叶干物质中含粗蛋白质12%,粗脂肪2.7%,粗纤维28.3%,无氮浸出物46.7%,粗灰分10.3%,其中钙0.7%,磷0.16%。茎叶质地柔嫩、多汁、味甜,适口性好,草食家畜均喜食。也是草食性鱼类的优质饵料。适宜青饲、青贮或调制干草。茎叶含少量氢氰酸,幼苗期及再生嫩草含量较高,不宜刈割或放牧利用。待植株高1米以上时,即可安全利用。

(三十六)墨西哥类玉米

1. 分布和适应性

墨西哥类玉米,又名大刍草、墨西哥类蜀黍、墨西哥饲用玉米。原产于中美洲的墨西哥和加勒比群岛以及阿根廷。中美洲各国、美国、日本南部和印度等地均有栽培。我国于1979年从日本引入。广东、广西、福建、浙江、江西、湖南、四川等省(自治区)都适宜栽培。喜温、喜湿、耐肥。种子发芽的最低温度为15℃,最适温度为24℃～26℃。生长最适温度为25℃～35℃。耐热,能耐受40℃的持续高温。不耐低温霜冻,气温降至10℃以下生长停滞,1℃～0℃时死亡。年降水量800毫米以上,无霜期180～210天以上的地区均可种植。对土壤要求不严,适应pH值5.5～8的微酸性或微碱性土壤。不耐涝,浸淹数日即可引起死亡。

2. 形态特征

墨西哥类玉米为禾本科类蜀黍属一年生草本植物。须根发达。茎秆粗壮,直径1.5～2厘米,直立,丛生,高约3米。叶片披针形,叶面光滑,中脉明显。花单性,雌雄同株,雄花顶生,圆锥花序,多分枝;雌花为穗状花序,雌穗多而小,从距地面5～8节以上的叶腋中生出,每节有雌穗1个,每株有7个左右,每穗有4～8节,每小穗有一小花,受粉后发育成为颖果,4～8个颖果成串珠状排列。种子长椭圆形,成熟时褐色,颖壳坚硬,千粒重75～80克。见图39。

3. 栽培技术

选择排灌方便、土壤肥沃的地块,结合耕翻,每667平方米施厩肥2000千克作基肥。春季适期早播。条播行距50厘

图 39　墨西哥类玉米

米,播种量每 667 平方米 0.5 千克。穴播,穴距 50 厘米×50
厘米,每穴播种子 2~3 粒,播深 2 厘米,苗期生长缓慢,注意
中耕除草,分蘖至拔节期生长加快,每 667 平方米追施氮肥
5~10 千克,株高达 1.5 米时即可刈割,留茬高 10 厘米,刈割
后施速效氮肥,以促进再生草生长。每 667 平方米产鲜草 10
000 千克。

4. 营养价值和利用

开花期饲草干物质中含粗蛋白质 9.5%,粗脂肪 2.6%,

粗纤维 27.3%,无氮浸出物 51.6%,粗灰分 9%。茎叶脆嫩多汁、味甜,适口性好,牛、羊、马、兔、鹅均喜食,也是草食性鱼类的优良青饲料。适宜青饲、青贮,亦可调制干草。

(三十七)象 草

1. 分布和适应性

象草,又名紫狼尾草。原产于热带非洲,在世界热带和亚热带地区广泛栽培,我国广东、海南、广西、福建、江西、湖南、四川、云南、贵州等省(自治区)都有大面积栽培。喜高温多雨气候,在广东、广西中部和南部,福建南部和沿海地区,都能自然越冬;在南昌、长沙一带如遇严寒需适当保护方可越冬。当气温在 12℃~14℃时开始生长,25℃~35℃时生长迅速,10℃以下生长受抑制,5℃以下生长停止。能耐短期轻霜,如土壤结冰则会冻死。对土壤要求不严,沙土、壤土和贫瘠的酸性红壤粘土都可种植,而最适土层深厚、肥沃的土壤。对氮肥敏感,要施用大量农家肥和氮肥才能持续高产。耐旱性强,但只有水分充足时才可获得高产。

2. 形态特征

象草为禾本科狼尾草属多年生草本植物。须根系强大,深达 450 厘米,但主要分布于 40 厘米的表土层中。植株高达 2~4 米,茎秆直立,丛生,茎粗 1~2 厘米,分 4~6 节。分蘖众多,通常 50~100 个。叶长 40~100 厘米,宽 1~3 厘米,叶面具茸毛。圆锥花序,圆柱状,长 20~30 厘米,每穗有小穗 250 个,每小穗有 3 朵小花。种子易脱落,发芽率低,实生苗生长极为缓慢,生产上多采用茎秆或分蘖无性繁殖。见图 40。

3. 栽培技术

选择土层深厚、排水良好的壤土,结合耕翻,每 667 平方米施厩肥1500～2000千克作基肥。按行距1米做畦,畦间开沟排水。春季2～3月间,选择粗壮茎秆作种用,每3～4节切成一段,每畦栽2行,株距50～60厘米。种茎平放或芽朝上斜插,覆土6～10厘米。每667平方米用种茎100～200千克,栽植后灌水,10～15天即可出苗。生长期注意中耕除草,适时灌溉和追肥。株高100～120厘米即可刈割,留茬高10厘米。生长旺季,25～30天刈割1次,年可刈割4～6次,每667平方米产鲜草1万～1.5万千克。

图40 象 草
1.植株 2.花序

4.品 种

我国广泛栽培利用的象草是1960年从印度尼西亚引入,在我国南方各省区推广,经30多年栽培驯化,形成的1个高产地方品种,经全国牧草品种审定委员会审定登记,命名为华南象草。1987年广西畜牧研究所从美国佛罗里达州引进摩特矮象草,经多年试验、示范和推广,已通过审定登记为引进品种。该品种通常高1～1.5米。节密,节间短,长为1～2厘米。

叶片条形，长 50～100 厘米，宽 3～4.5 厘米，叶质厚，直立。分蘖多，叶量大，叶量可占总产量的 85％以上。适口性好，尤其适宜作为草食家禽及草食性鱼类的饲料和饵料。

5. 营养价值和利用

茎叶干物质中含粗蛋白质 10.6％，粗脂肪 2％，粗纤维 33.1％，无氮浸出物 44.7％，粗灰分 9.6％。适期刈割的象草，鲜嫩多汁，适口性好，草食家畜都喜采食，也是草食性鱼类的优良青饲料。适宜青饲、青贮或调制干草。

（三十八）御　谷

1. 分布和适应性

御谷，又名珍珠粟、蜡烛稗、美洲狼尾草。原产于热带非洲，在亚洲和非洲广为栽培。我国南至海南岛，北至内蒙古都有栽培。喜温暖气候，发芽最适温度为 20℃～25℃，生长最适温度为 30℃～35℃。耐旱性强，能在干旱气候和瘠薄土壤上生长。在气温较高、雨水充足的地区生长最盛。喜肥，生长期要施用较多的氮肥。为短日照植物，从南方引种到北方，往往使生育期延长，抽穗开花期推迟；从北方引种到南方则相反，生育期缩短，抽穗开花期提前。

2. 形态特征

御谷为禾本科狼尾草属一年生草本植物。须根系发达，可从下部茎节长出不定根。茎秆强壮，圆柱形，直径 1～2 厘米，高 1.5～3 米。分蘖力强，每株分蘖 5～20 个。叶片宽条形，长 60～80 厘米，宽 2～3 厘米，中肋明显。圆锥花序，紧密，呈柱状，长 20～30 厘米，直径 2～2.5 厘米，主轴硬直，密被柔毛，每小穗有 2 朵小花，第一花为雄性，第二花为两性。种子倒卵形，长约 0.3 厘米，成熟时自内外稃突出而脱落。千粒重 5.1

克。

3. 栽培技术

选择土层深厚、疏松肥沃的地块,耕翻平整,结合整地每667平方米施用厩肥1 000～2 000千克作基肥。种子发芽要求温度较高,春播宜稍推迟至日平均气温10℃以上。条播行距45～50厘米,播深3～4厘米,播种量每667平方米1～1.5千克。播后覆土镇压。幼苗生长缓慢,注意中耕除草。拔节期生长迅速,宜追施速效氮肥,有灌溉条件的地区,及时浇灌。株高1～1.5米时刈割或抽穗前期刈割,留茬高10厘米,刈割后浇水并追施氮肥,促进再生。年可刈割2～4次,每667平方米产鲜草2 000～4 000千克。

4. 品　种

我国栽培利用的御谷品种,经全国牧草品种审定委员会审定登记的有2个,都是江苏省农业科学院土壤肥料研究所育成的。宁牧26－2美洲狼尾草,是从美国引入的Tift23A(美洲狼尾草)×N51(象草)的三倍体杂交种(F_2)中,偶然获得的杂种后代种子,经选育而成;宁杂3号美洲狼尾草,是以1986年从美国农业USDA—ARS引进的美洲狼尾草不育系Tift23A为母本,以从美国引进的美洲狼尾草资源BiL3B中选育的恢复性好、配合力高的稳定选系6作父本恢复系,两者杂交育成的F_1代杂交种。宁杂3号美洲狼尾草杂种优势显著,在水肥条件较好时,茎叶产量每667平方米可达8～9吨。

5. 营养价值和利用

茎叶干物质中含粗蛋白质13.4%,粗脂肪3.1%,粗纤维29.9%,无氮浸出物43.8%,粗灰分9.8%,其中钙1.49%,磷0.3%。抽穗前茎叶柔嫩可青饲,草食家畜均喜采食,也是草食性鱼类的优质青饲料。用作青贮时宜在抽穗期刈割。亦可调制干草。

(三十九)杂交狼尾草

1. 分布和适应性

杂交狼尾草是美洲狼尾草(染色体数 $2n=2X=14$)与象草($2n=4X=28$)的杂交种($2n=3X=21$),杂种为三倍体,不能结实,故生产上多用无性繁殖以利用其杂种 1 代优势,其亲本象草和美洲狼尾草均产自热带非洲。杂交狼尾草主要分布于世界热带和亚热带地区。我国分布于海南、广东、广西、福建、江苏、浙江等省(自治区)。在华南南部可以自然越冬,在江苏则须在冬季移入温室保护越冬。喜温暖湿润气候,日平均气温达 15℃时开始生长,25℃～30℃时生长最快,低于 10℃时生长受抑制,低于 0℃时间稍长,则会冻死。耐旱,亦耐涝,耐酸性土壤,亦有一定的耐盐能力,在含氯盐达0.5％时仍可存活,但长势差。对土壤要求不严,但以土层深厚,保水保肥良好的粘质土壤最为适宜。

2. 形态特征

杂交狼尾草为禾本科狼尾草属多年生草本植物。植株高达 3.5～4.5 米。须根发达,主要分布于 0～20 厘米土层内。茎秆圆形,直立,粗壮,直径 1.5～2.5 厘米,分 20～25 个节,丛生。每株有分蘖 20 个,多的达 150 个。叶条形,长 60～120 厘米,宽 2.5～3.5 厘米,叶面有茸毛,中肋明显。圆锥花序,密集呈柱状,长 20～30 厘米。花药不能形成花粉或柱头发育不良,因而不能结种子。商品用的杂种一代种子的制作又较困难,故多用茎秆或分株无性繁殖。

3. 栽培技术

选土层深厚而肥沃的土地,结合耕翻整地每 667 平方米施厩肥 2000～4000 千克、磷肥 20 千克作基肥。春季栽植,取老熟茎秆,2～3 节切为一段,或用分株苗,按行距 60 厘米,株距 30～40 厘米定植,茎芽朝上斜插,以下部节埋入土中而上部节腋芽刚入土为宜。栽植后 60～70 天,株高达 1～1.5 米时即可刈割。全年刈割 4～7 次,每 667 平方米产鲜草 5000～10 000 千克。

4. 品 种

我国栽培的杂交狼尾草品种,经全国牧草品种审定委员会审定登记的有 2 个。一是由江苏省农业科学院土壤肥料研究所 1981 年从美国引进,是美洲狼尾草(Tift23A)和象草(N51)的杂种一代;另一个是由海南省华南热带作物科学研究院 1984 年从哥伦比亚国际热带农业中心引进,又名王草,为象草与美洲狼尾草的杂交种。两者均用营养体繁殖。

5. 营养价值和利用

营养生长期株高 1.2 米时茎叶干物质中含粗蛋白质 10%,粗脂肪 3.5%,粗纤维 32.9%,无氮浸出物 43.4%,粗灰分 10.2%。茎叶柔嫩,适口性好,宜刈割青饲或青贮,草食家畜均喜采食,也是草食家禽及草食性鱼类的优质青饲料。据江苏省试验用杂交狼尾草饲喂草食性鱼类,饵料系数为 23.5,即投喂 23.5 千克优质的杂交狼尾草即可增产 1 千克草鱼或鳊鱼等优质鱼。

(四十)东非狼尾草

1. 分布和适应性

东非狼尾草,又名隐花狼尾草。原产于赤道非洲东部的肯尼亚,年降水量不少于 1000 毫米、海拔 1800～3000 米的高地。澳大利亚、新西兰、南非和巴西都有栽培。我国从澳大利亚引进，在云南昆明海拔 1 900 米地区生长良好，在广西、广东、海南等省（自治区）都可适应。喜温暖湿润气候，适宜热带高海拔地区及潮湿的亚热带地区种植。遇中度霜冻可使叶片受冻害。但霜冻不太严重时仍可从根状茎上迅速长出叶片。要求土层深厚、排水良好的肥沃土壤。在壤土和砂壤土上生长最好。根系深达 3 米，故耐旱性较强，如底土水分充足，即使旱季较长，也可保持草层青绿色。

2. 形态特征

东非狼尾草为禾本科狼尾草属多年生草本植物。植株矮，根系发达，入土深，有数量众多的匍匐茎和根状茎，向四周蔓延，长达 50～100 厘米，茎节着地生根，结成稠密的草皮。短而苗壮的茎枝成簇向上生长。叶长 25 厘米，宽 5 毫米。开花茎短，仅 10～15 厘米，花序几乎被完全包裹在叶鞘内，2～4 个小穗一束，小穗有 2 朵小花。上位花可育，柱头羽状，长约 3 厘米，先于雄蕊抽出；下位花不育，雄蕊花丝长 4～5 厘米。种子扁平，黑褐色，千粒重 2.5 克。种子极难收获。

3. 栽培技术

耕翻整地，每 667 平方米施厩肥 1 500～2 000 千克作基肥。春季播种，每 667 平方米播种量 0.1～0.4 千克，条播行距 60 厘米，播深 1 厘米。由于种子来源少，通常用匍匐茎和粗壮的茎枝繁殖。将匍匐茎及茎枝切成 25～30 厘米一段，按行株距 60 厘米×60 厘米栽植，芽向上斜插，埋土深 10 厘米，栽后浇水，雨季栽植最易成活。对氮肥敏感，当长出新枝后即可追施氮肥，每 667 平方米施用氮肥 5 千克，以促进生长。可同时撒播白三叶，建立混播放牧草地，以提高草地的产量和质量。

4. 营养价值和利用

营养生长期株高 25 厘米时鲜草干物质中含粗蛋白质

23.5%,粗脂肪 3%,粗纤维 24.5%,无氮浸出物 35.6%,粗灰分 13.4%。营养价值高,适口性好,草食家畜喜食。耐啃食和践踏,主要用于放牧。在载畜量高的情况下,划区轮牧产量最高。单播的草地,当匍匐茎和地下茎形成稠密而板结的草皮时,土壤通气条件不良,影响牧草生长,可用圆盘耙破坏草皮,促使草地更新。

(四十一)大黍

1. 分布和适应性

大黍,又名坚尼草、几内亚草。原产非洲热带,世界上较湿润的热带和亚热带地区都有栽培。我国广东、海南、广西、福建等省(自治区)都有分布。喜高温潮湿的气候,耐热性强,能耐受 40℃以上的高温。不耐寒,气温降到-2℃即受冻害,-7.8℃时即可冻死。不耐涝,水淹则生长不良。耐旱,耐瘠薄,耐酸性土壤。但最适宜肥力中等以上的土壤。较耐阴,在疏林下生长良好。

2. 形态特征

大黍为禾本科黍属多年生草本植物。须根系发达,有短根茎,茎秆粗壮,丛生,直立,分 7～8 节,高 100～150 厘米。叶片条形,长 40～90 厘米,宽 1～3 厘米,中肋明显。圆锥花序,开展,长 20～40 厘米。种子细小,千粒重 0.8 克,且边熟边落,采种较困难。生产上可用分株无性繁殖。

3. 栽培技术

选择土层较深而肥沃的土地,结合耕翻每 667 平方米施农家肥 1500～2000 千克作底肥。春季 3～4 月份适期早播,条播行距 50～60 厘米,播种量每 667 平方米 0.5 千克。亦可与大翼豆、距瓣豆、圭亚那柱花草等混播,播后不必覆土。由于种子难于采收，可以用分株方法栽植。选用生长健壮植株，割去地上部分，留茬高 20 厘米，全株挖出后，4～5 个分蘖为一束，按行株距 60 厘米×60 厘米定植，覆土深 6～8 厘米。栽后根据天气情况连续浇水 2～3 次即可成活。雨季定植更易成活，苗期注意中耕除草。株高达 80～100 厘米，即可刈割，年可刈割 4～6 次，每 667 平方米产鲜草 3000～5000 千克，留茬高 5～10 厘米。刈割后每 667 平方米追施速效氮肥 5～10 千克，适当灌水，这是获得高产的必要条件。

4. 营养价值和利用

营养生长期株高 80 厘米时茎叶干物质中含粗蛋白质 8.8%，粗脂肪 1.5%，粗纤维 32.8%，无氮浸出物 44%，粗灰分 12.9%。抽穗前刈割，草质柔软，适口性好，草食家畜均喜食。从日本引进的大黍新品种夏丰，叶量多，品质好，是草食性鱼类的优质青饲料。抽穗期后刈割，则茎秆老化，适口性差，利用率低。可青饲、青贮和调制干草。与豆科牧草混播的人工草地适宜放牧。宜划区轮牧，定期施用磷肥，以保持放牧地的持久生产力。

（四十二）非洲狗尾草

1. 分布和适应性

非洲狗尾草原产于热带非洲。广泛分布于世界热带和亚热带地区，南非、赞比亚、澳大利亚、菲律宾、印度、美国等地都有栽培。我国 1974 年从澳大利亚引进，广西、广东、海南、福建、云南等省（自治区）都有栽培。喜温暖湿润气候，适于夏季降水量不低于 600 毫米的地区栽培，耐酸性强。无霜地区冬季茎叶保持青绿，遇低温－4℃，则受冻害。耐旱性较强，亦耐短时间水淹。

2. 形态特征

非洲狗尾草为禾本科狗尾草属多年生草本植物。须根系发达，入土较深。茎直立，多分蘖，疏丛型，高约 1.5～2 米。茎叶光滑，蓝绿色或略带紫色。圆锥花序，紧密，呈圆柱状，顶部小，穗长 20～30 厘米，每个小穗都有刚毛包围。种子千粒重 0.53～0.75 克。我国引进澳大利亚的品种有 3 个，即南迪狗尾草，开花期柱头为白色，较早熟；卡松古鲁狗尾草，花内柱头为紫色，比南迪开花晚 1 个月；纳诺克狗尾草，花内柱头通常为紫色，有时白色，夏季产量较低，而冬季产量较高。

3. 栽培技术

精细整地，消灭杂草，每 667 平方米施农家肥 1 000 千克、磷肥 15 千克作基肥。春季 3 月份播种，每 667 平方米播种量 0.5 千克，条播行距 30 厘米，播深 1～2 厘米，苗期注意中耕除草。适宜与臂形草、大翼豆、圭亚那柱花草等混播，建成优质人工放牧草地。年可刈割 3～4 次，每 667 平方米产鲜草 2 500～4 000 千克。

4. 营养价值和利用

抽穗期茎叶干物质中含粗蛋白质10.2%，粗脂肪 2.9%，粗纤维 35%，无氮浸出物 42.9%，粗灰分 9%，其中钙 0.66%，磷 0.31%。茎叶柔嫩，适口性好，叶占全株的 47.7%，草食家畜喜食，也是草食性鱼类的优良青饲料，亦可调制干草或青贮。在混播草地中竞争力强，最适宜划区轮牧，避免重牧，以保持豆科牧草在草地中的适当比例。

(四十三)狗牙根

1. 分布和适应性

狗牙根，又名绊根草、爬根草。广泛分布于世界热带和亚热带地区,并扩展到沿海的温带地区。我国广泛分布在黄河以南各省(自治区)。喜高温多雨气候,日平均温度达 24℃以上时生长最好,下降至 6℃～9℃时生长缓慢,−2℃～−3℃时,地上茎叶死亡,而以根茎及贴近地面的匍匐茎越冬,翌年春休眠芽萌发生长。耐干旱,对土壤要求不严,从沙土到重粘土均能生长,但以湿润且排水良好、肥沃的壤土到粘土生长最好。

2. 形态特征

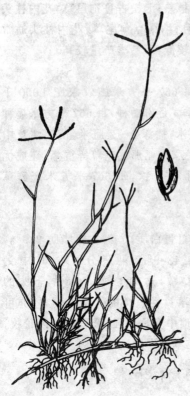

狗牙根为禾本科狗牙根属多年生草本植物。为须根系,多分布于 30 厘米以内的表土层中,具根状茎或匍匐茎。茎秆圆,光滑,直径 0.2～0.4 厘米,茎节着地生根,并可长出 1～5 个分蘖,繁殖成为新株。每个节由 2～3 个节密集缩合而成为缩合节,故每节可长叶 2～3 片。叶披针形,长约 5～15 厘米,宽 3～5 毫米。穗状花序,3～6 个穗呈指状排列于茎顶端,小穗排列于穗轴一侧,每小穗含 1 小花。种子卵圆形,长 1.5 毫米,千粒重 0.26 克。见图 41。

图 41 狗牙根

3. 栽培技术

狗牙根可用种子繁殖或用匍匐茎无性繁殖。土地耕翻整平,每 667 平方米施农家肥 1 000～2 000 千克作基肥。春季当日平均气温达 18℃时即可播种。撒播,每 667 平方米播种量 0.25～0.5 千克。更常用的方法是用匍匐茎或地上茎秆切成 6～10 厘米的小段,均匀撒入地面,然后镇压,使之与土壤紧密接触,浇水,保持地面湿润即可成活。也可以把挖出的草皮切成小块,按株行距 20 厘米×30 厘米栽植。成活后,当新的匍匐茎伸出时及时追肥,促其迅速生长。草层高 35～50 厘米时即可刈割,年可刈割 4～6次,每 667 平方米产鲜草 2 000～6 000 千克。

4. 品　种

我国 1976 年从美国引入岸杂 1 号狗牙根在广东、广西、福建、湖南等地表现良好。它是美国佐治亚州海岸平原试验站从海岸狗牙根和肯尼亚-58 号狗牙根杂交一代中选育的品种,耐寒性较强,消化率较高,饲养效果好,产草量也高,是我国南方暖季用于刈割及放牧的优良品种。

5. 营养价值和利用

营养生长期茎叶干物质中含粗蛋白质 10.4%,粗脂肪 2.8%,粗纤维 30.5%,无氮浸出物 50.2%,粗灰分 6.1%,其中钙 0.56%,磷 0.14%。草质柔软,叶量丰富,牛、马、羊、兔等家畜均喜采食。幼嫩时猪及家禽亦喜采食。是草食性鱼类的优质青饲料。适宜青饲、放牧或调制干草。

(四十四)扁穗牛鞭草

1. 分布和适应性

扁穗牛鞭草原产暖热的亚热带、热带的低湿地。广泛分布于印度、印度尼西亚及东南亚各国。广东、广西、福建、四川等南方省(自治区)以及河北、山东、陕西等地有野生或栽培利用。喜温暖湿润气候,抗逆性较强,耐热,极端最高温度

39.8℃生长良好。较耐霜冻,冬季霜冻时植株顶部枯萎,翌年春当平均气温达7℃以上时开始萌发,随气温升高而加快生长。耐酸性土壤,适宜在pH值5.5～6.8的酸性黄壤土生长。耐水淹,适宜在多雨湿润的河滩、江心洲、湖滨、塘渠边、沟边、堤岸等地种植。病虫害少,与杂草竞争能力强,覆盖地面大。

2. 形态特征

扁穗牛鞭草为禾本科牛鞭草属多年生草本植物。根系发达,入土深达1.5米。茎秆下部匍匐生长,横向走串,茎秆上部斜上生长,长达130～150厘米。叶片披针形,长3～13厘米,宽3～8毫米。总状花序,压扁,长5～10厘米,小穗成对生于各节,有柄小穗不孕,无柄小穗可孕,长4～5毫米,无柄小穗嵌生于穗轴节间与小穗柄愈合而成的凹穴中,结实率低。生产上多用茎秆栽插进行无性繁殖。见图42。

3. 栽培技术

耕翻整地,每667平方米施农家肥2500千克、过磷酸钙20千克作底肥。选用粗壮茎秆截成长25～30厘米的插条,春季在3月份,秋季在8月份栽插,按行距20厘米开沟,沟深13厘米,将插条斜放在沟内,埋入踩实,插条要留1～2节在地面上,栽后浇水,容易成活。春栽当年刈割2～4次,翌年可刈割4～6次。以拔节到孕穗期刈割为宜,每667平方米年产鲜草5000～8000千克。每穗期刈割后都要追施速效氮肥,全年可施纯氮22千克。

4. 品　种

我国栽培的扁穗牛鞭草品种,经全国牧草品种审定委员会审定登记的有2个,都是四川农业大学选育的。重高扁穗牛鞭草是采自重庆市郊湿润地的野生种,经栽培选育而成;广益扁穗牛鞭草是采自广西壮族自治区的野生种,经多年栽培驯

图 42　扁穗牛鞭草

化选育而成。均适宜我国长江流域以南高温低湿地区栽培。

5. 营养价值和利用

营养生长期鲜草干物质中含粗蛋白质 16.8%，粗脂肪 4.5%，粗纤维 30.3%，无氮浸出物 36.2%，粗灰分 12.2%，其中钙 0.44%，磷 0.24%。营养生长期鲜草幼嫩，叶量丰富，适口性好，适宜青饲，是牛、羊、马、兔的优质饲草，猪、禽亦喜采食,是草食性鱼类的优质青饲料。亦可制作青贮。调制干草则脱水缓慢,晾晒时间长,遇雨易引起腐烂。

(四十五)毛花雀稗

1. 分布和适应性

毛花雀稗,又名金冕草。原产于南美洲,分布于阿根廷、乌拉圭和巴西南部的潮湿亚热带地区。美国东南部和夏威夷、澳大利亚、新西兰、南非和其他热带与亚热带地区都有栽培。我国从澳大利亚引进,在广西、广东、海南、福建等省(自治区)栽培,生长良好。喜温暖湿润气候,在年降水量 1000 毫米以上的地区,生长最好。耐热,亦耐轻度霜冻,较耐干旱,亦耐水淹。沙性贫瘠的土壤上生长不良,在 pH 值 4.6 的红壤、黄壤土均能生长,而在粘重肥沃的土壤上生长良好。

2. 形态特征

毛花雀稗为禾本科雀稗属多年生草本植物。根系发达。茎秆粗壮,丛生,秆高 60～150 厘米。叶片条形,长 10～40 厘米,宽 0.5～1.5 厘米。穗状总状花序,分枝 12～18 个,小穗卵形,长 3～4 毫米,覆瓦状排列成 4 行,生于穗轴一侧。颖和外稃边缘有长丝状柔毛,两面贴生短毛。种子卵圆形,千粒重 2 克。

3. 栽培技术

耕翻整地,每 667 平方米施农家肥 1000～1500 千克及磷肥 15 千克作基肥。3 月上旬春播,条播行距 40～50 厘米,播深 1～2 厘米,播种量每 667 平方米 0.5～1 千克。亦可分株繁殖。按行株距 40 厘米×20～30 厘米栽植,每穴栽 3～4 个分蘖,栽植深 5～6 厘米,栽后浇水,即可成活。阴雨天栽植可提高成活率。适宜与大翼豆、绿叶山蚂蟥或多年生黑麦草、红三叶、白三叶混播,作人工放牧草地。也可与无芒虎尾草、糖蜜草混播以迅速形成地面植被。毛花雀稗易感染麦角病，带有麦角病菌的种穗可使牲畜中毒。防治方法主要是采用无病种子播种，在受到麦角病感染的地块，宜在营养生长期放牧。

4. 营养价值和利用

抽穗期的毛花雀稗干物质中含粗蛋白质 12%，粗脂肪 2.1%，粗纤维 33%，无氮浸出物 42.4%，粗灰分 10.5%。草质好，适口性强，草食家畜均喜采食，也是草食家禽和草食性鱼类的优良青饲料。宜青饲、调制干草或青贮。年可刈割 3～4 次，每 667 平方米产鲜草 2500～3000 千克，耐践踏及重牧，适宜放牧利用。

（四十六）小花毛花雀稗

1. 分布和适应性

小花毛花雀稗，又名乌瓦雀稗、宜安草。原产于巴西、乌拉圭和阿根廷。我国 1962 年从越南引入，在广西试种，生长良好，已分布至广西、广东、海南、福建、江西、湖南、湖北、云南、贵州等省（自治区）。适应于较潮湿的热带和亚热带气候条件。耐热、耐旱、又耐湿。是热带牧草中耐寒性较强的品种，华南南部地区冬季保持青绿，华南北部遇重霜时仅茎叶上部枯萎，在 −6℃～−8℃ 时越冬率仍可达 100%。对土壤适应性广，耐酸性强，在 pH 值 4.2 的瘠薄红壤土中仍能正常生长。可在夏季高温伏旱的长江中下游低海拔丘陵地区，建立优良的人工草地。

2. 形态特征

小花毛花雀稗为禾本科雀稗属多年生草本植物。与毛花雀稗相似，但植株较高，质地较粗糙。为须根系。茎秆粗壮，直立，丛生，分蘖力强，株高 100～160 厘米。叶长条形，长 30 厘米。穗状总状花序,花序分枝12~18个。小穗卵形,生于花序轴一侧,长3~4毫米,边缘具丝状长柔毛,两面贴生短毛。种子成熟期一致,极易脱落,千粒重2克。

3. 栽培技术

小花毛花雀稗的栽培技术与毛花雀稗相同。

4. 营养价值和利用

开花期鲜草干物质中含粗蛋白质7.1%,粗脂肪1.9%,粗纤维37.8%,无氮浸出物45.8%,粗灰分7.4%。适口性好,牛、羊、马、兔均喜食,也是草食家禽和草食性鱼类的优良青饲料。适宜刈割青饲、青贮或调制干草。用作青饲应在株高50厘米时刈割,青贮或调制干草,可在抽穗至开花期刈割。作为放牧草地,牧期可从草层高25厘米以上时开始。夏季生长旺盛,再生性强,宜提高载畜量,加强利用,轮牧周期为20~30天,以防草丛老化。

(四十七)宽叶雀稗

1. 分布和适应性

宽叶雀稗原产于南美洲巴西南部、巴拉圭和阿根廷北部等亚热带多雨地区。新西兰、澳大利亚、巴西等国均有栽培。我国1974年从澳大利亚引入,广西、广东、海南、福建、云南、贵州、湖南、江西等省(自治区)都有种植。喜温暖湿润气候,适宜于亚热带年降水量1000~1500毫米的地区栽培。种子发芽的最低温度为10℃~13℃,生长适宜温度为25℃~30℃,气温低至7℃时生长受阻,连续低于0℃的霜冻则会死亡。对土壤要求不严,在pH值4.5以下的酸性瘠薄土壤上,只要合理施肥亦能良好生长,但最喜肥沃而排水良好的土壤。较耐旱。对麦角病有免疫力。

2. 形态特征

宽叶雀稗为禾本科雀稗属多年生草本植物。须根系,具短根茎。茎丛生型,半匍匐,茎秆高 50～100 厘米,2～5 节。叶鞘基部暗紫色,叶片宽大,长 20～40 厘米,宽 1～3 厘米,两面密被白色柔毛。穗状总状花序,长 8～9 厘米,分枝 4～9 个排列在总轴上,小穗卵圆形,呈 4 行排列于穗轴一侧。种子卵形,一侧隆起,一侧压扁,千粒重 1.35～1.4 克。见图 43。

3. 栽培技术

播前整地,每 667 平方米施农家肥 1 500～2 000 千克和磷肥 10 千克作基肥。宜 3～4 月份春播。条播行距 40～50 厘米,播深 1～2 厘米,每 667 平方米播种量 1～1.5

图 43　宽叶雀稗

千克。也可撒播。苗期生长缓慢,注意中耕除草,每 667 平方米追施氮肥 4～5 千克,以促进生长,迅速覆盖地面。适宜与大翼豆、绿叶山蚂蟥、圭亚那柱花草等混播作人工放牧草地。年可刈割 3～4 次,每 667 平方米产鲜草 3 500～4 000 千克。种子产量高,但成熟期不一致,须及时采收,每 667 平方米可产种子 35 千克。

4. 营养价值和利用

抽穗期宽叶雀稗干物质中含粗蛋白质 10%,粗脂肪 1.6%,粗纤维 30.4%,无氮浸出物 49.9%,粗灰分 8.1%。草质优良,对牛的适口性极好,牛最喜食,其他家畜亦喜食。也是草食家禽和草食性鱼类的优良青饲料。耐践踏,最适于放牧利用。划区轮牧时,夏季 3～4 周利用 1 次,秋冬季 4～6 周利用 1 次。亦适刈割青饲或调制干草。

(四十八)巴哈雀稗

1. 分布和适应性

巴哈雀稗,又称标志雀稗、巴喜亚雀稗、百喜草。原产于南美洲,广泛分布于阿根廷、乌拉圭、巴拉圭、巴西和西印度群岛。我国从澳大利亚引进。广西、广东、海南、福建等省(自治区)都适宜种植。适应于热带和亚热带,年降水量高于 750 毫米且分布均匀的地区栽培。对土壤要求不严,但最适宜在 pH 值 5.5～6.5 的沙质土壤上生长。在所适应的地区内,在肥力较低、较干燥的沙质土壤上,生长能力比毛花雀稗及其他禾本科牧草强。抗寒性则不如毛花雀稗。耐牧性强,匍匐茎可形成坚固稠密的草皮,限制其他草种的侵入。难以同豆科牧草建立混播草地。

2. 形态特征

巴哈雀稗为禾本科雀稗属多年生草本植物。根系深而发达,具短而粗壮的根茎。基生叶众多,平展或折叠,边缘具短柔毛,长 20～30 厘米,宽 3～10 毫米。茎秆高 30～75 厘米。穗状总状花序,有 2~3 个分枝,长约 6.5 厘米。小穗 2 行,排列穗轴一侧,每小穗有小花一朵。种子卵圆形,有光泽,长约 3 毫米,千粒重 2.8~2.9 克。

3. 栽培技术

播前要精细耕翻整地,消灭杂草,每 667 平方米施入 1000~1500 千克厩肥和 15 千克磷肥作基肥。春播,在平均终霜日之后播种为宜。条播行距 40~50 厘米,播深 1~2 厘米,播后适当镇压。亦可撒播。每 667 平方米播种量 0.6~1 千克。幼苗与杂草竞争力弱,必须控制杂草。新建草地要限制放牧,以免因放牧而毁坏幼苗。每 667 平方米施氮肥 5~10 千克,可促进幼苗生长发育。草地建植后,每年仍需施氮肥、磷肥和钾肥,以维持草地有较高的生产力。每 667 平方米产干草约 500 千克。

4. 营养价值和利用

开花期巴哈雀稗干物质中含粗蛋白质 8%,粗脂肪 1.7%,粗纤维 31.3%,无氮浸出物 47%,粗灰分 12%。基生叶多而又耐践踏,最适放牧利用。草食家畜均喜采食。是草食家禽和草食性鱼类的优质青饲料。适宜刈割青饲或调制干草。种穗易感染麦角病,家畜采食易发生中毒,对牛危害更大,须注意防治。匍匐茎发达,覆盖度高,是南方优良的水土保持和绿化植物。

(四十九)棕籽雀稗

1. 分布和适应性

棕籽雀稗原产于美洲的热带和亚热带地区。我国 1981 年从澳大利亚引进,在广东、海南、广西、福建等地,都有种植。喜温暖湿润气候,适宜年降水量不低于 800 毫米的地区。耐短期水浸,在湿润肥沃的土地上生长良好。在瘦瘠干旱的土壤上生长比毛花雀稗好,持久性也较长;在秋天和夏天比毛花雀稗生长快;在水肥条件较高时产草量比其他雀稗属牧草高。抗麦角病的能力较强,与豆科牧草混播的亲和力良好。

2. 形态特征

棕籽雀稗为禾本科雀稗属多年生草本植物。为须根系。茎秆直立,高 1～1.5 米,丛生,分蘖力强。叶长而宽,长 40～85 厘米,宽 1～1.5 厘米,基部折叠。穗状总状花序,有分枝 10～13 个,分枝长 2～6 厘米,小穗卵圆形,长 3 毫米。种子深棕色,有光泽,千粒重 1～1.5 克。

3. 栽培技术

播前耕翻整地,每 667 平方米施厩肥 1000 千克及磷肥 10 千克作基肥。宜 3～4 月份春播,条播行距 40～50 厘米,播深 1～2 厘米,播种量每 667 平方米 0.5～1 千克。亦可撒播。与大翼豆、绿叶山蚂蟥、圭亚那柱花草等混播,可建成良好的人工放牧草地。年可刈割 3～4 次,每 667 平方米产鲜草 2000～4000 千克。

4. 营养价值和利用

营养生长期茎叶干物质中含粗蛋白质 7.1%,粗脂肪 1.5%,粗纤维 32.3%,无氮浸出物 52.5%,粗灰分 6.6%,其中钙 1.19%,磷 0.19%。适口性好,草食家畜均喜食,也是草食家禽和草食性鱼类的优质青饲料。抽穗开花期后容易老化,降低营养价值。

(五十)盖氏虎尾草

1. 分布和适应性

盖氏虎尾草,又名无芒虎尾草、罗德草。原产非洲南部和东部并扩展到非洲西部。分布于世界热带和亚热带地区。我国从澳大利亚引入,在广西、广东、海南、福建等省(自治区)栽培,表现良好。喜温暖气候,适应降水量为800～1300毫米,超过1500毫米的地区,则不太适宜。气温25℃～35℃时生长迅速,能抗霜冻,但冬季气温低于-8℃,即受冻死亡。对土壤适应性广,从酸性沙土到碱性粘土都能适应。从低肥力到中等肥力的土壤都生长良好。

2. 形态特征

盖氏虎尾草为禾本科虎尾草属多年生草本植物。为须根系。株高1～1.5米,茎秆细而坚韧,节间扁,并有长而粗壮的匍匐茎,茎节着地生根,长出分蘖,形成新的植株。叶片长45～50厘米,宽3～5毫米。穗状花序,10～20个成指状集生于茎的顶端,长5～10厘米,直立或斜上。每小穗2朵花,其中1朵为完全花。种子淡棕色,有光泽,千粒重0.21～0.25克。

3. 栽培技术

结合耕翻整地,每667平方米施厩肥1500～2000千克和磷肥10～15千克作基肥。宜3～4月份春播。可撒播或条播,条播行距40～50厘米,播深1～2厘米。播种量每667平方米0.5～0.6千克。苗期生长缓慢,注意中耕除草。亦可与大翼豆、圭亚那柱花草等混播,建立人工放牧草地。年可刈割3～4次,每667平方米产鲜草3000～3500千克。每次刈割后每667平方米施氮肥5～10千克,以促进再生,提高产量和质量。采种田每667平方米产种子35～40千克。

4. 营养价值和利用

抽穗期鲜草的干物质中含粗蛋白质11.6%,粗脂肪2.1%,粗纤维35.3%,无氮浸出物38.1%,粗灰分12.9%,其中钙0.06%,磷0.05%。营养生长期或初穗期刈割青饲,适口性好。草食家畜喜食。耐牧、耐践踏,适宜放牧利用。亦可在初花期刈割,调制干草或青贮。

(五十一)纤毛蒺藜草

1. 分布和适应性

纤毛蒺藜草,又名巴夫草。原产于非洲、印度和印度尼西亚。我国从澳大利亚引进。在海南省西部降水量较低的地区生长良好。在广东、广西的山地坡地亦可适应。耐旱性强,忌渍水,适宜排水良好、保水力差的沙质土壤栽培。遇雨生长迅速,抽穗期仍能产生大量分蘖,并迅速覆盖地面,耐践踏,耐牛、羊重牧。

2. 形态特征

纤毛蒺藜草为禾本科蒺藜草属多年生草本植物。根系分布广,扎根深。有多种生态型,包括:有根状茎的高秆类型,株高达 1.5 米,适应降水量 350～900 毫米的地区;无根状茎的中秆类型,株高约 1 米,要求年降水量 350～900 毫米;矮秆类型,簇生,叶细,株高 60 厘米,适应年降水量 350～400 毫米的地区。穗为狐尾状总状花序,1～3 个小穗成一小穗束,基部有刚毛包围。每束有种子 1～5 粒,千粒重 2.3 克。种子成熟后有 6～12 个月的休眠期,播种时最好用收获 1 年后的种子。

3. 栽培技术

播前要耕翻整地,施用农家肥和磷肥作基肥。播种期为春末夏初。由于种子有刚毛,用播种机播种时可能造成堵塞,可捶打去掉穗轴和刚毛,或通过混入锯末或谷壳而得以改善。每667 平方米播种量 0.25 千克。条播行距 45 厘米,播深 1 厘米。年可刈割 2～3 次,每 667 平方米产鲜草 1500～2000 千克。适宜与圭亚那柱花草等豆科牧草混播,建植人工放牧草地。

4. 营养价值和利用

营养生长期鲜草干物质中含粗蛋白质 9.8%,粗脂肪 5.4%,粗纤维 38.4%,无氮浸出物 36.6%,粗灰分 9.8%。适口性好,草食家畜喜食。适宜青饲、青贮或调制干草。更适宜放牧利用,即使啃食过短也能继续生长,是热带和亚热带干旱地区的优良牧草。

(五十二)糖 蜜 草

1. 分布和适应性

糖蜜草原产于热带非洲,在巴西、哥伦比亚、澳大利亚、斯里兰卡和菲律宾等国家广泛栽培。我国从澳大利亚引进,广西、广东、海南、福建等省(自治区)都有种植。喜温暖潮湿的气候,适于年降水量 1000~2000 毫米的地区栽培。抗旱性强,耐瘦瘠土壤,在旱季长达 4~5 个月的情况下仍能继续生长;在酸性页岩赤红壤、水土流失严重的花岗岩黄壤等各种瘦瘠干旱的土壤上种植,生长良好。但在易受水涝和水浸的土地上不能持久存活。耐寒性弱,只能耐受轻微的霜冻。种子发芽快,长势旺盛,覆盖能力极强,易形成稠密草层,是治理水土流失的先锋牧草。

2. 形态特征

糖蜜草为禾本科糖蜜草属多年生草本植物。糖蜜草的根系浅。茎秆稠密,高 80~100 厘米。叶片扁平,较短而厚,长 5~15 厘米,宽 5~10 毫米,红褐色,叶面有厚密绒毛,手感有粘稠分泌物,具有强烈的糖蜜气味。圆锥花序,长 10~20 厘米,小穗长 2 毫米。种子轻小,红褐色,带刚毛,千粒重 0.07 克。

3. 栽培技术

在经过清除杂草和灌木的土地上,浅翻或用圆盘耙浅耙,即可播种。最适于3～4月份春播,每667平方米播种量0.1～0.5千克,用锯屑、稻壳等与种子混匀后撒播,播后镇压,使种子与土壤密切接触。亦可条播,行距60厘米,播深1厘米。年可刈割4～5次,每667平方米产鲜草1500～3000千克。留茬高15～20厘米,以利再生。瘠薄土壤适当施用氮肥,可提高产草量。不抗火灾,干旱天气,易遭火烧,燃烧后几乎不能再生,可能完全被毁,故要注意防火。亦可与圭亚那柱花草、大翼豆等混播,作为人工放牧草地。

4. 营养价值和利用

营养生长期鲜草干物质中含粗蛋白质9%,粗脂肪3%,粗纤维36.5%,无氮浸出物43.7%,粗灰分7.8%。营养生长期长,草质柔软,适口性尚可,草食牲畜习惯其气味后则喜食。适宜青饲、青贮和调制干草。完全长成后适宜放牧利用,不耐重牧和啃食过短,应划区轮牧。草层高15～20厘米时休牧,再生草长到35～45厘米时,即可再度放牧。

(五十三)俯仰臂形草

1. 分布和适应性

俯仰臂形草,又名伏生臂形草、旗草。原产于东非乌干达的开阔草地,澳大利亚、印度、委内瑞拉、苏里南等国已引种栽培。我国从澳大利亚引进,广东、云南、广西、海南等省(自治区)有种植。适宜温暖湿润的热带和亚热带地区栽培。喜高温多湿气候,在年降水量800毫米以上、年均温不低于19℃、海拔不高于1200米的云南南部,生长良好。不耐严寒和霜冻,但可耐轻霜。能耐受一定程度的干旱,旱季不超过4～5个月的地区,亦能生长。对土壤要求不严,沙土和粘土,贫瘠和酸性的红壤,都能适应。侵占性强,极易建植,建成的草地可抑制恶性杂草飞机草的侵入。

2. 形态特征

俯仰臂形草为禾本科臂形草属多年生草本植物。为须根系。具匍匐茎,茎节着地生根,并可长出直立茎枝,分蘖多,可形成致密草丛,茎秆下部节间短,可长出气生根,上部节间长,光滑纤细。叶片披针形,长4~8厘米,宽8~11毫米,被短毛。穗状总状花序,2~4个小穗排列于穗轴一侧,长6~9厘米,其状如旗,故又名旗草。小穗倒卵形,一侧紧密排列,长5毫米,多绒毛。每个小穗有2朵小花,下位小花雄性,上位小花可育,为两性花,有雄蕊3枚,雌蕊柱头羽毛状,深紫色。成熟种子灰白色,落粒性强,刚成熟的种子发芽率仅2%~3%,后熟期12个月。种子千粒重4~5克。

3. 栽培技术

耕翻整地,清除杂草和灌木,每667平方米施1000千克厩肥和10千克磷肥作基肥。春季3~4月份播种,宜选用已经后熟的上年种子。新收种子可用浓硫酸处理10~15分钟,再用水冲洗干净,可使发芽率提高至40%~59%。每667平方米播种量0.5千克。撒播或按行距60厘米条播,播深1~2厘米。可与圭亚那柱花草、大翼豆、距瓣豆等豆科牧草混播。由于苗期生长较慢,亦可加入播种当年生长较快的非洲狗尾草和棕籽雀稗,以增强苗期对杂草的竞争能力。生产上亦可用分株或匍匐茎进行无性繁殖。把刈割后留茬高15~20厘米的植株挖出,2~3条茎秆为一丛;匍匐茎可分切为30厘米一段,按穴距60厘米×60厘米定植。直栽或斜插,埋深10厘米,踩实,栽后浇定根水。雨季栽植,更易成活。栽后约3个月即可覆盖地面。年可刈割 3～4 次,每 667 平方米产鲜草 2 000～5 000 千克。刈割后及时施用速效氮肥,不仅可提高产草量,亦可提高粗蛋白质含量。

4. 品　种

我国栽培的俯仰臂形草,经全国牧草品种审定委员会审定登记的品种有 2 个。一个是华南热带作物研究院 1982 年从国际热带农业中心引入的,编号为 606 的俯仰臂形草原始材料,经多年鉴定选育成的热研 3 号俯仰臂形草;另一个是云南省肉牛和牧草研究中心 1983 年引自澳大利亚昆士兰州的贝斯莉斯克俯仰臂形草。两个品种均适宜在我国热带和南亚热带地区栽培。

5. 营养价值和利用

营养生长期鲜草干物质中含粗蛋白质 8.9%,粗脂肪 2%,粗纤维 32.5%,无氮浸出物 47.7%,粗灰分 8.9%,其中钙 0.26%,磷 0.25%。适口性好,草食家畜均喜采食,也是草食家禽和草食性鱼类的优质青饲料。适宜刈割青饲、青贮及调制干草。耐牧性强,适宜放牧利用。播种后 3～4 个月即可轻牧。生长第二年以后载畜量为每公顷 1～1.5 个黄牛单位。宜划区轮牧,雨季放牧间隔期 40～60 天,旱季放牧间隔期 60～90 天。

(五十四)俯仰马唐

1. 分布和适应性

俯仰马唐,又名潘哥拉草。原产于南非。在世界热带和亚热带地区广泛栽培。我国从澳大利亚引进,在广东、广西、海南、福建等省(自治区)都可种植。喜温暖湿润气候,在年降水量 600 毫米以上,甚至高达 2 500 毫米,绝对最低温度不低于

−9℃的地方都能良好生长.冬季生长停滞,不耐霜冻,受冻后地上部分干枯,第二年春天贴近地面的根茎仍可返青生长.对土壤要求不严,沙土、粘土,pH 值 4.2~8.5 的土壤,都可适应,但以排水良好的肥沃土壤生长最好.较耐旱,亦耐短期渍水,但在水浸的土壤上生长不良.对氮肥和磷肥反应敏感,施肥可显著提高产草量.

2. 形态特征

俯仰马唐为禾本科马唐属多年生草本植物.为须根系,匍匐型.生长初期长出许多匍匐茎,贴近地面生长,茎节向下生根,向上抽出茎秆,覆盖地面后,草层高 50~60 厘米,茎长达 100~120 厘米.叶片线状披针形,长 5~20 厘米,宽 4~7 毫米.总状花序,4~7 枝,顶生,呈指状排列,但能育的种子很少,可用分株、匍匐茎和茎秆进行无性繁殖.

3. 栽培技术

结合翻耕整地每 667 平方米施农家肥 1500 千克作基肥.挖出生长良好的植株,3~5 个分蘖为一丛,按穴距 60 厘米×60 厘米栽植,深 5~10 厘米,栽后浇水,即可成活.大面积种植,可将鲜茎和匍匐茎散布在平整好的地面上,再用中型圆盘耙覆土,耙后用镇压器镇压,只要保持土壤湿润就容易成活.每 667 平方米需用鲜种茎 50~100 千克.只要种茎有适宜的水分,生长季节都可种植.栽植成活后,嫩枝长出,可及时追施氮—磷—钾(10-10-10)复合肥 20~30 千克.对土壤缺铜敏感,宜适当施用硫酸铜(每 667 平方米 1 千克),以促进生长.为了获得高产,每个生长季,都应施用氮—磷—钾(12-6-6)复合肥 20~30 千克,可 1 次或多次施入.年可刈割 4~5 次,每 667 平方米产鲜草 3000~5000 千克.

4. 营养价值和利用

开花初期鲜草干物质中含粗蛋白质 8.2%,粗脂肪 2%,粗纤维 33.3%,无氮浸出物 49.6%,粗灰分 6.9%。营养价值高,适口性好,草食家畜均喜食。适宜刈割青饲、调制干草或青贮。耐践踏、耐牧,当株高 30~45 厘米时即可放牧。适宜划区轮牧,夏季两次放牧之间至少休牧 1 周,春秋季应休牧 2~3周。可用俯仰马唐与距瓣豆混播,建立人工放牧草地,可以提高草地的生产率。

四、藜科、菊科和蓼科牧草

藜科植物约有 100 个属,1400 个种。我国约有 39 个属,186 个种。为草本植物,稀为灌木或小乔木。多数为肉质多汁的耐盐植物,分布很广,是我国荒漠及荒漠草原的主要植被,为旱生或超旱生植物。本书介绍的驼绒藜和木地肤是荒漠和半荒漠草原区的野生种,经驯化栽培的重要藜科牧草。

菊科植物约有 1000 个属,2.5 万~3 万个种。我国有 200多个属,2000 多个种。为草本、半灌木或灌木。蒿属牧草常与旱生的禾本科牧草构成干旱草原的主要植被。在荒漠草原和荒漠地带,灌木或半灌木的蒿属牧草,在家畜的放牧饲养上,特别是对羊和骆驼有极其重要的意义,冷蒿和伊犁蒿是荒漠、半荒漠草原区野生种,近年引入驯化栽培的菊科牧草。

蓼科植物约有 40 个属,1200 种。我国有 12 个属,约 200个种。为一年生或多年生草本或灌木,稀为乔木。沙拐枣属的沙拐枣为灌木,是喜沙植物,分布于半固定沙丘、沙地及砂砾戈壁,是这些地区骆驼和羊的主要饲草之一。

（一）驼绒藜

1. 分布和适应性

驼绒藜又名优若藜。广泛分布于我国新疆、内蒙古、宁夏、陕北等地，是荒漠和半荒漠草原区从野生引入驯化栽培的重要藜科牧草。适应性强，具有耐寒、耐旱、耐瘠薄等优点，一般牧草不能生长的旱薄沙地，它能良好生长，但不适于低洼盐碱土和流动沙丘生长。适于在年降水量200～250毫米地区种植。种子发芽力强，在25℃条件下，吸水后8小时即可发芽，萌发后25天根系可达15厘米。播种当年株高可达60～70厘米，第二年若水分条件好则株高可达80～120厘米，并能开花结实。

2. 形态特征

驼绒藜为藜科驼绒藜属多年生半灌木。主根粗壮，入土深达1米以上，侧根发达，根系主要分布在50厘米土层内。茎直立，多分枝，表皮黄绿色，株高0.5～1米。叶宽披针形，全缘，互生，茎叶密布白色星状毛。花单性，雌雄同株，雄花为穗状花序，生于枝的顶端，雌花聚生于叶腋。胞果椭圆形，密生白色茸毛。种子千粒重4克。见图44。

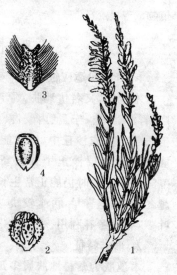

图44 驼绒藜
1. 植株 2. 花 3. 果实 4. 种子

3. 栽培技术

种子小而轻，在荒漠草原区直播不易成活，常采用育苗移栽。早春将种子浅播于苗床，培育出壮苗，第二年再移入大田栽培。在水分条件好的地区可行直播,条播行距30～40厘米,播深1～2厘米,每667平方米播种量0.5千克。播期4～8月份均可。苗期注意中耕培土,及时清除杂草。第二年8月中下旬开花,10月初种子成熟。刈割利用一般在9月下旬,每667平方米产青草250～500千克,可收种子25～60千克。

4. 营养价值和利用

开花期鲜草干物质中含粗蛋白质21.6%,粗脂肪3.9%,粗纤维18.8%,无氮浸出物47%,粗灰分8.7%,其中钙2.3%,磷0.25%,茎叶适口性好,各种家畜均喜食。特别是冬春季节,牧草缺乏时,它却保留着较多的茎叶可以利用,是荒漠草原地区不可多得的优良牧草,同时也是良好的防风固沙植物。

(二)木 地 肤

1. 分布和适应性

木地肤,又名伏地肤。原产欧亚草原区。我国新疆分布很广,青海、甘肃、宁夏、内蒙古、黑龙江及西藏等地都有分布。常生长于山坡或沙丘中,抗旱能力很强,并耐沙埋,被沙覆盖后能从近地表层沙土中长出新枝。耐盐碱,在土壤含盐量达0.5%～0.8%时仍能正常生长,抗寒性强,能在−40℃条件下越冬。春季返青早,再生较快,且秋季停止生长晚,冬季残留茎叶多,有利冬春利用。

2. 形态特征

木地肤为藜科地肤属多年生小灌木。主根粗壮入土深,侧根多分布在60厘米内土层中,根颈粗大,分枝多而密。茎直立,株高20～60厘米。单叶,互生,窄条形,灰绿色。花单生或数朵簇生于叶腋。全株被柔毛。胞果扁球形,紫褐色。种子小,卵形或近圆形,黑褐色,千粒重约 1 克。见图 45。

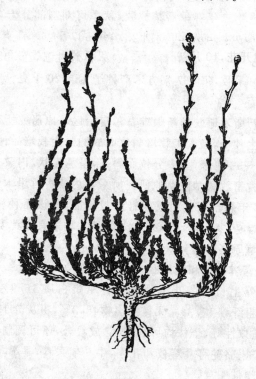

图 45　木 地 肤

3. 栽培技术

种子发芽率以新收种子三四个月内为最高,达 70%以上,适宜采种当年播种。春、夏播或冬播寄籽越冬均可,主要依土壤墒情而定,早春抢墒或雨季前播种都易出苗。新疆伊犁地区在冬季雪前或雪后飞播木地肤,待翌年春天气温升高,积雪融化,种子贴近地面,吸水后很快萌发生长。播种方式可条播或撒播。条播行距 45～60 厘米,播深 1～2 厘米,每 667 平方米播种量 1.5～2 千克;飞播每 667 平方米用种 0.5～1 千克。播种当年或第二年春季严禁放牧,秋季可刈割部分干草利用,3 年后才可放牧。每年可刈割 2 次,每 667 平方米产青草 250～500 千克。种子一般在降霜后成熟,落籽性强,当 50%种子成熟时即可采收,每 667 平方米产种子 15～20 千克。

4. 品 种

巩乃斯木地肤是新疆维吾尔自治区草原研究所采集新疆荒漠野生种子,经人工栽培驯化而成的野生栽培品种,该品种株高 10～90 厘米,茎多分枝而斜升,呈丛生状。内蒙古木地肤是内蒙古畜牧科学院草原研究所采集内蒙古哲里木盟野生种子,经多年栽培驯化而成的野生栽培品种,该品种株高 80～110 厘米,茎多分枝,枝条直立。两品种均适宜在荒漠、半荒漠及干旱草原区种植。

5. 营养价值和利用

营养生长期茎叶干物质中含粗蛋白质 16.9%,粗脂肪 2.2%,粗纤维 17.3%,无氮浸出物 48.3%,粗灰分 15.3%。枝叶多,适口性好,全株均可利用。除放牧外,还可调制干草或青贮。马、羊、骆驼喜食茎枝和花序,牛一般采食,是绵羊、山羊的秋季抓膘催肥草。

(三)冷 蒿

1. 分布和适应性

冷蒿,又名小白蒿、串地蒿。广泛分布于我国东北、内蒙古、河北、山西、青海、宁夏、新疆等地。耐寒、耐旱性强,适于生长在≥10℃积温 2 000℃～3 000℃,年降水量 150～400 毫米地区。对土壤要求不严,山坡、丘陵、沙地或撂荒地,均生长良好,但不耐低湿的盐渍化土壤。在干旱草原或山地草原常与针茅、赖草等禾本科草组成群落,并在群落中占优势地位。

2. 形态特征

冷蒿为菊科蒿属多年生旱生小灌木。根系发达,侧根和不定根多,主要分布在 30 厘米以内土层中。茎丛生,被绢毛,呈灰白色,高 40～70 厘米。叶羽状全裂,裂片近条形。头状花序,排列成狭长的总状花序或复总状花序,下垂,花黄色。瘦果,长圆形,种子甚小,千粒重 0.1 克。

3. 栽培技术

在沙地或撂荒地播种,播前须进行地面处理。播期宜在雨季前或化雪后,将种子直接播于地表,不覆土或覆土不超过 0.5 厘米,每 667 平方米播种量 0.2 千克。冷蒿具有枝条萌发不定根的特点,当枝条与地面接触后,条件适宜时即长出不定根,枝条脱离母株,形成新的植株,因此,可在固定沙丘上封育,以提高其覆盖度,增加利用效果。

4. 营养价值和利用

开花期鲜草干物质中含粗蛋白质 12.2%,粗脂肪 6.8%,粗纤维 42.4%,无氮浸出物 31.6%,粗灰分 7%,其中钙 1.38%,磷 0.67%。营养价值高,适口性好,在霜冻后或冬季其营养枝仍保存良好,且柔软多汁,对家畜,尤其是产羔母畜冬季放牧利用更有价值。马、牛、骆驼终年喜食,具有采食后驱虫之效,因此,是优良的放牧场牧草。

(四)伊 犁 蒿

1. 分布和适应性

伊犁蒿广泛分布于我国西北地区,是新疆低山带蒿属荒漠草场上的主要优势种,抗旱、抗寒、耐瘠、耐盐碱,在年降水量 180～250 毫米地区不灌溉能安全越夏,冬季最低气温达

−41.5℃有积雪覆盖条件下能安全越冬,种子在 2%硫酸钠溶液中能发芽,但对氯盐和混合盐($NaCl+Na_2SO_4$)较敏感。种子发芽最适温度为 20℃。对土壤要求不严,山坡、干旱撂荒地、退化草场上均可种植。

2. 形态特征

伊犁蒿为菊科蒿属多年生旱生小灌木,株高 40~110 厘米,全株被蛛丝状毛。茎较粗,常呈纤维状劈裂,多数丛生,分枝多自茎的中上部生出,侧枝较长。头状花序,花紫绛红色或黄色。瘦果,卵圆形,浅褐色,种子千粒重 0.19~0.37 克。

3. 栽培技术

种子小,播种深度不能超过 0.5 厘米。在撂荒地上种植,播前必须进行地面处理,清除杂草,为种子发芽和苗期生长创造良好条件。播期以临冬或化雪前为好,将种子撒于表土,等春季化雪后即可发芽出苗,播种量每 667 平方米 0.2 千克。播种当年可开花结实,第二年返青较紫花苜蓿、红豆草早 8~15 天。10 月中旬种子成熟,生长期较长。每年可刈割 2 次,每 667 平方米产干草 100~150 千克,种子每 667 平方米产量约 15 千克。

4. 营养价值和利用

分枝期茎叶干物质中含粗蛋白质 21.5%,粗脂肪 2.5%,粗纤维 16.1%,无氮浸出物 42.6%,粗灰分 17.3%,其中钙 1.33%,磷 0.28%。叶量和花序较多,营养价值高,羊、马、骆驼冬、春、秋均喜食,但 5 月份以后到夏季因其香味较浓,影响适口性,因此,以早期放牧利用最好,是绵羊抓膘、催乳的好饲草。

(五)沙拐枣

1. 分布和适应性

沙拐枣主要分布在内蒙古中西部、宁夏、甘肃、新疆等省自治区;蒙古国也有分布。多生于流动沙丘、半流动沙丘或石质地,在沙砾质戈壁、干河床和山前沙砾质洪积物坡地上也有生长,是典型的沙生植物,具有抗风蚀、抗干旱、耐沙埋、耐贫瘠、根系发达、萌蘖力强的特点,风蚀后能从其裸露的根系上长出根蘖苗,生成新植株。其茂密的枝条积沙后反而生长迅速,当沙埋 1.5 米时,其高度可增长 1 米,同时在沙包顶上形成新的株丛。不宜在粘重土壤和低湿盐碱地上生长。

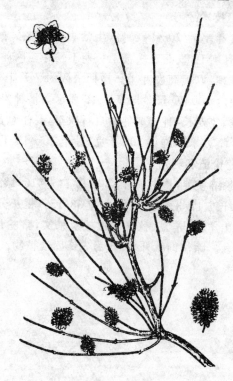

图46 沙拐枣

2. 形态特征

沙拐枣为蓼科沙拐枣属多年生丛生小灌木，株型直立，株高0.5～1.5米。老枝灰白色，有光泽，嫩枝绿色，叶退化，由绿色枝条进行光合作用。通常2～3朵小花簇生于叶腋，花梗下具关节，花有白色、粉红色、浅粉色，花瓣向外反折。小坚果锥圆形，具粗糙的刚毛，有4条棱肋，成熟时暗褐色，成熟极不一致，种子落粒性强，千粒重51.3克。见图46。

3. 栽培技术

种子发芽率为70%～75%，生活力不易丧失，但由于种子坚硬，带有刺毛，发芽迟缓甚至长期不发芽。因此播前要进行去刺毛处理，以提高发芽率。播期一般为7月上旬，每667平方米播种量200克，覆沙厚度3～5厘米。播种当年和第二年严禁放牧。花期长，种子成熟后自行脱落，要注意及时采收。一般每667平方米产鲜草200千克，种子10～15千克。

4. 营养价值和利用

沙拐枣结实期干物质中含粗蛋白质15.1%，粗脂肪19.5%，粗纤维17.3%，无氮浸出物33.1%，粗灰分15%，适口性较好，山羊、绵羊夏、秋喜食嫩枝及果实，骆驼长年喜食，马、牛不喜食。除作饲草外，可作为先锋固沙植物。

主要参考文献

1. 中国饲用植物志编辑委员会．中国饲用植物志．第一、二、三、四、五、六卷．农业出版社,1987年、1989年、1991年、1992年、1995年和1997年

2. 王栋原著．任继周等修订．牧草学各论．新一版．江苏科学技术出版社,1989年1月

3. 肖文一、陈德新、吴渠来．饲用植物栽培与利用．农业出版社,1991年5月

4. 洪绂曾等．中国多年生栽培草种区划．中国农业科技出版社,1989年10月

5. 洪绂曾等．中国多年生草种栽培技术．中国农业科技出版社,1990年8月

6. M.E.希斯,R.F.巴恩斯和D.S.梅特卡夫主编．黄文惠、苏加楷、张玉发等译．牧草—草地农业科学．第四版．1985年．农业出版社,1992年5月

7. L.R.汉弗莱斯,F.里弗勒斯著．李淑安、赵俊权译．牧草种子生产—理论及应用．第三版．1986年．云南科技出版社,1989年8月

8. 全国牧草品种审定委员会编．中国牧草登记品种集．修订版．中国农业大学出版社,1999年8月

金盾版图书，科学实用，
通俗易懂，物美价廉，欢迎选购

优良牧草及栽培技术	7.50 元	应用(修订版)	14.00 元
菊苣鲁梅克斯籽粒苋栽		中小型饲料厂生产加工	
培技术	5.50 元	配套技术	8.00 元
北方干旱地区牧草栽培		常用饲料原料及质量简	
与利用	8.50 元	易鉴别	13.00 元
牧草种子生产技术	7.00 元	秸秆饲料加工与应用技	
牧草良种引种指导	13.50 元	术	5.00 元
退耕还草技术指南	9.00 元	草产品加工技术	10.50 元
草地工作技术指南	55.00 元	饲料添加剂的配制及应用	10.00 元
草坪绿地实用技术指南	24.00 元	饲料作物良种引种指导	4.50 元
草坪病虫害识别与防治	7.50 元	饲料作物栽培与利用	11.00 元
草坪病虫害诊断与防治		菌糠饲料生产及使用技	
原色图谱	17.00 元	术	7.00 元
实用高效种草养畜技术	10.00 元	配合饲料质量控制与鉴	
饲料作物高产栽培	4.50 元	别	14.00 元
饲料青贮技术	5.00 元	中草药饲料添加剂的配	
青贮饲料的调制与利用	6.00 元	制与应用	14.00 元
农作物秸秆饲料微贮技		畜禽营养与标准化饲养	55.00 元
术	7.00 元	家畜人工授精技术	5.00 元
农作物秸秆饲料加工与		实用畜禽繁殖技术	17.00 元

　　以上图书由全国各地新华书店经销。凡向本社邮购图书或音像制品，可通过邮局汇款，在汇单"附言"栏填写所购书目，邮购图书均可享受 9 折优惠。购书 30 元(按打折后实款计算)以上的免收邮挂费，购书不足 30 元的按邮局资费标准收取 3 元挂号费，邮寄费由我社承担。邮购地址：北京市丰台区晓月中路 29 号，邮政编码：100072，联系人：金友，电话：(010)83210681、83210682、83219215、83219217(传真)。